林语堂的心灵境界

超然之美

黄荣才 著

中国华侨出版社

图书在版编目（CIP）数据

超然之美：林语堂的心灵境界 / 黄荣才著 . —北京：
中国华侨出版社，2017.5
ISBN 978-7-5113-6805-8

Ⅰ.①超… Ⅱ.①黄… Ⅲ.①林语堂（1895-1976）–
人生哲学 – 通俗读物 Ⅳ.① B821-49

中国版本图书馆 CIP 数据核字 (2017) 第 108952 号

超然之美：林语堂的心灵境界

著　　者 / 黄荣才

责任编辑 / 桑梦娟

责任校对 / 王京燕

经　　销 / 新华书店

开　　本 / 670 毫米 × 960 毫米　1/16　印张 /16　字数 /181 千字

印　　刷 / 北京建泰印刷有限公司

版　　次 / 2017 年 7 月第 1 版　2017 年 7 月第 1 次印刷

书　　号 / ISBN 978-7-5113-6805-8

定　　价 / 32.00 元

中国华侨出版社　北京市朝阳区静安里 26 号通成达大厦 3 层　邮编：100028
法律顾问：陈鹰律师事务所
编辑部：（010）64443056　　64443979
发行部：（010）64443051　　传真：（010）64439708
网　址：www.oveaschin.com
E-mail：oveaschin@sina.com

目录

第一辑
烙印

003　撤退者林语堂

007　寻找合适位置的林语堂

011　逆袭的林语堂

015　敢做自己的林语堂

019　主角林语堂

023　相信目标的林语堂

027　说真话的林语堂

032　遥望也是一种奢侈

036　当漂泊成为一种习惯

041　男人的那一点点虚荣

045　尘世是唯一的天堂

049　脱离常轨的林语堂

053　林语堂的有不为斋

第二辑

通达

059 林语堂的半半人生

063 宽容的林语堂

067 寂寞林语堂

071 幸福的林语堂

075 悠闲林语堂

079 过客林语堂

083 缺憾的林语堂

087 林语堂的金钱观

091 通人林语堂

096 冒险林语堂

100 现实的林语堂

105 调皮捣蛋林语堂

109 痴人林语堂

114　快乐的林语堂

118　幽默鼻祖林语堂

第三辑
情深

125　养趣的林语堂

129　林语堂的爱屋及乌情结

133　和女人同行的林语堂

137　多情林语堂

141　林语堂的婚姻三段论

145　在水仙花的芳香中沉醉

149　哭泣的林语堂

153　把痛苦留在身后

157　马灯照耀林语堂

161　青山满怀林语堂

166　有情人不成眷属

第四辑

痕迹

173　快乐地读书

177　妙语林语堂

181　林语堂是只有思想的蚂蚁

185　林语堂的宠物情结

189　林语堂谈茶

193　和土壤相亲的林语堂

198　人生乐事是饮食

202　关注生育文化的林语堂

第五辑
缘来

207 林语堂和萧伯纳的合影

212 林语堂和李清照

217 林语堂的养女

221 廖翠凤的晚节

225 文化史上两丰碑

232 林语堂的祖母

236 林语堂和老舍

243 **后记**

第一辑

烙印

撤退者林语堂

> 人生有时颇感寂寞，或遇到危难之境，人之心灵，却能发出妙用，一笑置之，于是又轻松下来。
>
> ——《论解嘲》

不少时候，林语堂给人的感觉是撤退者。比如他追求陈锦端没有结果，转而和廖翠凤结婚；比如他在遭遇到左翼作家批评的时候，选择应赛珍珠之约到美国专事写作；比如他和厦门大学刘树杞不和的时候，选择到武汉国民政府外交部当英文秘书，随即又辞职到上海写作等等。这些选择，可以视为林语堂人生过程中的主动撤离。

林语堂撤退者的形象一直在我的头脑中盘旋。其实仔细盘点林语堂的人生道路，除了留学回来之初到北大工作那几年，林语堂在语丝的阵营里，激昂文字，甚至上街和军阀的军警对峙以及为发明中文打字机而不惜一条道走到黑，以致倾家荡产，林语堂更多的是以平和者的形象存在，甚至数度出现撤退的举措。我想，这和林语堂从小的生活环境有关。

　　林语堂出生和成长的地方，是一个偏远的山村。一百多年前，平和坂仔绝对是深处大山之内。陆路交通的不便，外出唯有依靠小船，到了小溪才得以换乘稍大的船只。10 岁到厦门读书以前，林语堂没有看过大海，没有感受过惊涛拍岸，没有看过浪遏飞舟，没有目睹过巨浪奔袭礁石，他看到的仅仅是淙淙的花山溪溪水，看到的是在平缓的溪水上打水漂的跳跃，看到的是当水流碰到一个花岗岩石时，它便由岩石的旁边绕过去；当水流涌到一片低洼的溪谷时，它便在那边曲曲折折地流着一会儿。在林语堂的文章中，他曾经说过："一个人在儿童时代的环境和思想，和他的一生有很大的关系。"这句话非常重要，它折射了林语堂之所以闲适、平和，之所以是撤退者的形象。

　　往深里探究，林语堂在儿时看到的花山溪，并非大海一样的浩瀚无边，往往有拐弯，除非暴雨之后发洪水，水遇到堤岸的时候，并非汹涌地往岸上扑，而是柔顺地顺着堤岸拐弯。别看这拐弯，既然林语堂能从坂仔青山的巍峨高耸受到启发，形成高地人生观，知道人在山下看山，山会逼得人谦逊，人在山上往下看，山会让人意识到自己的渺小。那么，聪明的林语堂，也会从水的拐弯，顿悟到人必须顺势而行。除了岸，还有石头，这石头没有礁石的连绵交错，水也就不需要遇石就猛烈地扑击。溪水遇到石头的时候，不是盖过去，而是从两边分流，顺着石头的边上绕过去，这是一种绕道，一种另辟蹊径。水绕过石头之后，在另一方又二合一，依然舒缓地往前流淌。河道里的石头不可能是孤立一块地存在，许许多多放置在不同路段的石头，让水合了又分，分了又合。相同的就是这水的分与合，几乎都是平和的，没有什么壮怀激烈，没有什么浪花飞溅，更没有粉身碎骨。相信林语堂看着花山溪的水在分分合合之后依然向前的那一瞬间，他肯定是大受启迪，甚至目瞪口呆。

坂仔青山留给林语堂的高地人生观，让林语堂成为一个有思想的人，林语堂也津津乐道，时常在他的笔端中留下痕迹，这让林语堂活得有骨气，以伟岸的姿势站立。花山溪的水，除了给林语堂留下曼妙航程的愉悦之外，同样也给了林语堂莫大的人生启迪，至于林语堂为什么没有直接描述，那是另外一个层面的问题。没有写到，并不意味着不存在。

当林语堂越走越远，也许在他的内心深处，家乡山的硬朗，让他拥有了强大的内心，有了足够抵御外界风雨的铠甲。而家乡水的至柔，水的顺流、绕道和另辟蹊径，也肯定给林语堂另外的人生启迪，让他不是一棵树上吊死，让他在遇到飞越不了的问题的时候，他可以有另外的选择，他内心的愁苦有了另外一个出口，他的人生有了另外一条道路。

谁没有愁苦和寂寞的时候，盛名如林语堂者，他的人生道路上，困难、问题、愁苦，自然也少不了，他依然会郁闷，会有自己飞越不了的石头，有人生道路上的障碍。也许，这时候，家乡的水流起来了，于是他一笑置之，有了另外一种选择。选择之后，林语堂从内心轻松，行动自如，如花山溪的水，绕过石头之后，依然欢快向前。

从林语堂身上，可以意识到，人生，许多时候需要拐弯，需要顺势，需要绕道，需要另辟蹊径，这是人生的大智慧，可以让我们的人生平和，快乐。撤退者林语堂，就没有什么狼狈或者仓皇之感，而是一个智者，潇洒飘逸。

寻找合适位置的林语堂

此地不容人自有容人处，你应该再接再厉，自有更好的机会等着你。

——《自有容人处》

位置，对于林语堂来说，并不缺乏，就像每个人在这个世界上都有自己的一个点一样。但合适的位置就不是每个人都能找到了，有的人终其一生，也找不到合适自己的位置。幸运的是，林语堂找到了，而且他的位置并不是泯然众人的一个点，而是一个熠熠生辉的位置。

从 10 岁开始，离开平和到厦门读书，林语堂就开始了合适自己位置的寻找之旅。当他从厦门毕业，到了上海圣约翰大学，林语堂学的是神学，如果不出意外，林语堂就会在神学上有所成就，成为一个牧师。相信凭借林语堂的口才，已经他的父亲林至诚的耳濡目染，林语堂会是个不错的牧师，而且是科班出身的牧师。但没有如果，林语堂对神学的理解出现了偏差，他读不下去了。林语堂在假期回家的时候，代替父亲布道，他把《圣经》说成是文学书，这离经叛道的说法把林至诚吓了一跳，林至诚知道，这个儿子离神的传人的道路上越来越远了。林语堂小时候在河边握着父亲给的铜板祷告，让上帝把手中的铜板变成两个，林语堂想用多出来的铜板去买糖果，而不仅仅是理发。但上帝让他失望了，手中的铜板该是几个还是几个，并没有增加，幼年的林语堂开始对上帝产生怀疑。不仅仅如此，林语堂还对饭前的祷告产生异议，尽管最后他以和事佬的态度接受了事实，但说明他对上帝并不虔诚。据说林语堂在上海圣约翰大学读神学的时候，几乎有了不能毕业的隐忧，后来林语堂在老师的劝说下转了专业，学英文、文学，这是林语堂寻找位置过程中的一个漂亮转身，也许，中国就此少了一个平庸的牧师，但多了一个世界级的文化大师，这是一个良好的开端。或许因为转身，林语堂才有了在上海圣约翰大学一个休学仪式上四次上台领奖的荣光。

林语堂从上海圣约翰大学毕业后，到清华学校（清华大学的前身）任教，当他工作满三年之后，申请到半额奖学金，毅然踏上留学之旅。当他面临经济困窘的艰辛时刻，他不是半途而废，而是申请到法国给华人劳工编识字课本，当华人劳工的老师，让自己的学业坚持下来。如果在美国，林语堂选择回头，他应该也是个不错的老师，但能否达到后来的人生高度，相信答案也是明白的。

从德国回来，林语堂在北大、厦大等地任教，他的人生不断发生变化。当 1927 年他从厦门大学离开，到武汉担任国民政府外交部长陈友仁的英文秘书的时候，他的人生出现了一个方向，那就是当官。不过，仅仅半年之后，林语堂辞职了，他到了上海，从事写作。这个辞职，对于林语堂来说，非常关键，这是个从此到彼的选择。如果林语堂选择当官，也许他会在宦海沉浮，但中国至多多了一个小官吏，文化大师肯定和林语堂无缘。

林语堂其实有多次的辞职经历。1926 年，他到厦门大学担任文科主任，因为和刘树杞等在经费等问题上的纠结，他辞职了；他发明中文打字机之后，因为倾家荡产，在陈源的介绍下，他出任联合国教科文组织文学与美术组主任，但不久之后，无法容忍天天上班的艰辛，更多的是无法弯下他挺直的胸膛，他辞职了。1954 年，他到南洋大学担任校长，因为和南洋大学董事会陈六使等在办学理念和经费使用、人员安排等方面的冲突，他辞职了。这些辞职，可以看出林语堂并不是适合当官的人，既然不适合，他就选择离开，林语堂并不是恋着官位的人，当然，并不讳言，这些离开，对于林语堂来说，多少也有不得已的成分在内。这就注定了林语堂在寻找合适的位置，不可能都是潇洒转身，他的离开，既顺应了内心，也服从于外界的因素，两者甚至多方的原因，让林语堂离开的步伐情愫复杂。

　　林语堂选择的最为潇洒或者说磊落，是他到了台湾之后。当时蒋介石会见林语堂，众多的记者等在门口，因为大家知道，蒋介石会给他一个位置。当林语堂从屋内走出来的时候，有记者就问到蒋介石究竟给林语堂一个什么位置。林语堂笑笑说：考试院副院长。没等其他的人欢呼，林语堂又是淡淡一句：不过，我把它辞了。没有惊天动地或者石破天惊，但林语堂这句话无疑非常潇洒，他的豁达以及淡然、平和，让林语堂的人生达到了一个新的高度。我相信，那时候的林语堂，内心饱满，形象高大。林语堂，寻找到了最为合适的人生位置。

逆袭的林语堂

一切困难、凌辱、嘲弄和逆境都只叫意志坚强的人更加坚强，更加勇敢。所以，在达到成功的途径上，什么都不可待，可待的只是——刚毅的意志和坚定的决心。

——《意志、决心、成功》

林语堂的人生，充满了逆袭的案例。

林语堂是个穷牧师的孩子，当年他的父亲林至诚在坂仔传教的时候，开始的月工资是银圆16块，后来提高到20块。就是这20块，林至诚要维持八个孩子加上夫妻俩共十个人的生活，这绝对称不上富裕。在林语堂要上上海圣约翰大学的时候，问题来了，学费还缺100块银元。在林语堂的哥哥去上海圣约翰大学读书的时候，林至诚已经流着泪把天宝五里沙的祖屋给卖了，可以说，林至诚陷入了困境。不过，林至诚并没有放弃，他找到了陈子达。

　　陈子达还是个穷孩子的时候，林至诚送给他一顶帽子，这让陈子达非常感动，他发誓，他要把这顶帽子戴到烂，然后再也不戴帽子。陈子达说了，也这样做了。当林至诚找到陈子达的时候，陈子达已经是个生意人。他对林至诚借100块银元没有拒绝，在第三天，陈子达就带着个蓝色包袱到了坂仔林至诚家里，包袱里就是100块银元。林语堂终于在学校开学前一周，解决了学费的问题。当然，这困境虽然和林语堂有关，但解决的主要力量是林至诚。

　　林语堂越走越远，他遭遇困境的事情也不少。当林语堂热恋陈锦端的时候，遭遇陈锦端的父亲陈天恩釜底抽薪的拆散，林语堂接受了陈天恩的介绍，娶了廖翠凤。他在爱情的路上走到头的时候，拐了一个弯，完成了人生重大的选择。林语堂和廖翠凤的金玉良缘，证明了当初他的选择是对的。林语堂带着廖翠凤到国外留学，遇到了廖翠凤手术，他只能一周靠一罐麦片度日，他依靠廖翠凤向哥哥借来1000块渡过难关；当他的半额奖学金被取消的时候，他争取到胡适支持了他，同时还争取到法国教华人劳工识字的机会，不至于让自己的留学生活中断。

　　林语堂的道路在自己的努力下，越走越宽广。当然，没有任何的一帆风顺。林语堂上了军阀的黑名单，他做好了逃亡的准备，最后到了厦门大学任教，又和理科主任刘树杞扯不清，最后选择离开；他和鲁迅因为文学理念的不同，两次相得，两次相离；他为了发明中文打字机，倾家荡产，还和自己前往美国的引路人赛珍珠分道扬镳。

可以说，林语堂的人生道路既有明坎，也有暗沟，并非时刻光鲜亮丽。但遇到困境的时候，林语堂并不是只会在那里哀叹或者萎靡不振。他选择了努力。他向胡适预先借支以后到北大工作的工资，想方设法谋求到法国编写劳工课本的机会，争取哈佛大学老师同意他在法国的大学修满学业从而发给哈佛大学毕业证书的机会。在厦门大学，尽管不是很愉快，但他及时选择离开；发明中文打字机花尽家财，他放下身段接受现代评论派陈源的介绍，到联合国文学与美术组工作。所有这些，都充分证明林语堂刚毅的意志和坚定的决心，唯有如此，才让林语堂没有在遭遇人生的明坎暗沟的时候，或者掉头，或者停步，或者哀泣，或者抚伤，他选择前行，把伤痛和困境甩在身后。

正是因为有强大的内心支撑和刚毅的意志，林语堂在不少人生不可能的时候逆袭成功，他的每次成功都叠加了他的人生厚度，垫起了他的人生高度。林语堂之所以能够成为世界文化大师，和他逆袭的人生道路密切相连。也许，在林语堂开始行走的时候，有着众多的同行者，但因为不少人选择放弃，选择停留，而唯有林语堂选择前行，这样的行走也许注定是孤独和寂寞的，但也因为坚守，人生才可能逆袭成功。

很想和林语堂坐下来喝杯茶，敬佩地说一声：林语堂，好样的。或许，林语堂只是笑笑，但这笑容，也许就是苦难之后的舒心，逆袭成功的得意，也许，只是林语堂一以贯之的闲适、平和。

敢做自己的林语堂

我要有能做我自己的自由和敢做我自己的胆量。

——《言志篇》

林语堂是个平和的人，但不是绵软。林语堂的内心有核，这核让林语堂站立，而且行走世界。

林语堂很有胆量。这从他 10 岁就离家到厦门读书开始，到他发明了中文打字机、去看火山、编写词典等等，无不看出林语堂的胆量大。也许林语堂没有想到，他童年的时候从教堂的屋顶滑下来，也许就为他的胆大埋下了伏笔。

林语堂的胆大，在于他有能做自己的自由，这是一种内心的自信。当林语堂上了军阀的黑名单之后，他选择了离开北京前往厦门大学；当他在厦门大学受到制约，他又选择了到武汉国民政府当英文秘书，然后是到上海写作，到美国写作，以及 30 年漂泊生活但又拒绝加入美国籍，到最后的定居台湾。在人生之路上，走或者停，直行或者拐弯，林语堂充分地选择自己，唯有如此，林语堂才可能在每次人生遇到逼仄空间的时候，选择退出或者拐弯。林语堂小时候在平和，经常目光在柿子树或者龙眼树上面"摸索"，以图有意外的发现。在这样的"摸索"中，他可能发现这些树枝的旁逸斜出，以及遇到墙壁的时候外垂等等。还有家乡平和那广袤的空间，能让林语堂自由地奔跑，因此林语堂才会坚决选择适合自己的道路，这样的选择，其实也是林语堂童年记忆的唤醒。

林语堂敢做自己，从他坚持幽默就可以看出，他不以他人的目光为考虑，就连面对鲁迅的劝说以及后面的批评，林语堂还是坚持自己的观点，坚持自己的所做所为。坚持自己，不随意听人说就改变方向，这也是林语堂能够走得远的根本原因之一。

林语堂的敢做自己，还可以从他的办刊之事看出端倪。林语堂先后创办过《论语》《人间世》《宇宙风》，《宇宙风》并没有正儿八经的发刊词，但林语堂在最前面的"无姑妄言之"专栏中的两篇文章也可以说是阐明了这本刊物的办刊宗旨，一篇是《孤崖一枝花》，一篇是《无花蔷薇》。林语堂在《孤崖一枝花》中写道："想宇宙万类，应时生灭，然必尽其性。花树开花，乃花之性，率性之谓道，有人看见与否，皆与花无涉。故置花热闹场中花亦开，使生万山丛里花亦开，甚至使生于孤崖顶上，无人过问花亦开。香为兰之性，有蝴蝶过香亦传，无蝴蝶过香亦传，皆率其本性，有欲罢不能之势。"在《无花蔷薇》里，林语堂说："杂志，也可有花，也可有刺，但单叫人看刺是不行的。虽然肆口谩骂，也可助其一时销路，而且人类何以有此坏根性，喜欢看旁人刺伤，使我不可解，但是普通人看完之后，也要看看所开之花怎样？到底世上看花人多，看刺人少，所以有刺无花之刊物终必灭亡。"这文章中传递的是林语堂的坚持，他不以外界评判左右，坚持自己的性灵文学主张，坚持倡导"以自我为中心，以闲适为笔调"的小品文，坚持幽默、性灵，坚持当"花"而不是"刺"，位列全国第三、四万五千份的发行量也佐证了林语堂说的"到底世上看花人多，看刺人少"。丰子恺自始至终为《宇宙风》作画作文，似乎也可以是《宇宙风》广受欢迎的又一个注脚。

不仅仅如此，林语堂定居台湾之后，接受香港中文大学的聘请，编写《当代汉英词典》，这对于一个已经有一定年龄的人，绝对是一个挑战，但林语堂成功了，他编写了至今仍得到广泛赞誉的《当代汉英词典》。他喜欢《红楼梦》，写下了《平心论高鹗》等一系列的文章，在众多的红学专家当中，林语堂的评论也有一席之地。

好像可以看到，林语堂在攘攘的众人当中，面对众多的指指点点或者路标、指示，林语堂不为所动，我坚持听从自己内心的声音，脚步从容，以自己的节奏行走。他走远了，留下身后的愕然、赞叹、批评，林语堂没有看到，也没有听到。行人是不必在乎路人的目光和言语的，毕竟，走路的人是自己。林语堂做到了这一点，因此，他是大师，而众多的人只能是路人甲、路人乙，甚至，连灰尘也没有扬起。

主角林语堂

人生不过如此，且行且珍惜，自己永远是自己的主角，不要总在别人的戏剧里充当着配角。

——《人生不过如此》

林语堂的主角意识可谓强劲，他争取当主角的努力从来没有停歇过。小时候的调皮捣蛋，有林语堂的身影，以至于他被父亲关在门口，也从窗户扔进去一块石头，美其名曰"和乐进不去，就让石头代替和乐进去。"在上海圣约翰大学读书的时候，林语堂曾经在一个休学式四次上台领奖，那也是风光至极，没有人否认这时候的林语堂是主角。等他成为名人的时候，林语堂更是主角，时常在不同的场合义气风云。

当然，并非所有的主角都是众人景仰，比如在南洋大学。南洋大学是林语堂惹来不少非议的地方。曾经写过一篇文章《新加坡：林语堂不堪回首的记忆》，无论当时的真相如何，新加坡的南洋大学都不是林语堂可以意气风发的地方。

林语堂 1954 年 10 月接任南洋大学校长，1955 年 4 月离开，在新加坡刚好半年。只不过，这半年的时间，可谓是风云突变。

林语堂让人非议的地方，是停建校舍。在一些文章里，把林语堂的这种行为当成不通情理，固执行事。或许，林语堂对校舍的要求可以从另一个角度解读，那就是林语堂希望能够建成一所一流的大学，而要实现这个目标，就必须从多方入手。林语堂走过不少地方，他期待一开始就有高的起点。但是，林语堂忽略了，或者没有充分意识到，当年的新加坡大学是华人捐资筹建的，初衷是使华人子弟无须远赴中国深造，资金并不宽裕。对于校舍的问题，个人认为并不能一味责怪林语堂不切实际，甚至有其他的目的，也许可以从林语堂是理想主义者，他的办学理念在当时太过于超前，以至和现实有不小的距离，理想和现实无法达到重合。

给林语堂带来诟病的还有，林语堂自己当校长，任命二女婿黎明为行政秘书（相当于副校长），二女儿林太乙为校长室秘书，侄儿林国荣为会计长。这样的班子组成给林语堂带来了"林氏企业"的标签，另一个说法就是任人唯亲。或许，林语堂这样做就是要掌握主动权，这可以从林语堂在厦门大学的遭遇进行分析。1926 年 5 月，林语堂到厦门大学任教，任文科主任兼国学研究院总秘书，把鲁迅、顾颉刚、沈兼士、孙伏园等人聘请到厦大任教，一时有"把半个北大搬到厦大"的说法，而且林语堂踌躇满志，制定了一系列计划。不过，林语堂的理想没有实现，他和当时的理科主任刘树杞因为经费的问题有了纠纷，最后鲁迅、林语堂等人先后离开厦大，可以说无奈离去。或许正是因为如此，林语堂才急切地要掌握财权，才做了如此安排，他要做自己的主角。包括他提出要设立基金保管委员会，要求执委交出两千万建校基金，由他全权支配，执委不得过问。有时候，各有各的计划，会互相抵消发展的力量和努力。

当林语堂最后和陈六使等人终于翻脸之后，林语堂选择了离去。他在离开南洋大学的时候，根据约定，领走了遣散费，这同样让不少人对林语堂大有意见。当时这笔钱是陈六使个人捐出来给南洋大学的，等于是陈六使自掏腰包。陈六使的行为使人尊敬，而林语堂的行为从另外一个角度也是合法不合情。他们既然有约在先，解除了合同，林语堂领走遣散费，也就是按照合约办事。用现在的眼光，林语堂属于具有契约精神的人。问题出在当时，也许不少人认为林语堂不应该领这笔钱。其实，领走这笔钱，林语堂也没错，不领这笔钱，也是一种风格，但我们不能以道义、风格来要求，甚至是绑架某个人应该做出如何的选择，每个人在自己的人生剧中，有权利选择自己作为主角的唱腔。林语堂不仅仅接受中国传统文化，也接受教会学校教育，接受西方文化浸染多年，还有当时他前往新加坡南洋大学之前，经历了因为发明中文打字机而倾家荡产，借钱度日的生活，某种程度上，林语堂此时对金钱有一种渴求，他毕竟要生活下去。林语堂无法对那笔遣散费无动于衷，也无法潇洒到"挥挥手，不带走一片云彩。"也许当时林语堂空手而走，或者领到遣散费之后把其回捐，或许有关他的非议会少一些，但这只能是别人的期待，无法勉强林语堂非得这样做。

林语堂就任南洋大学校长和离开南洋大学，不是三言两语能够分得清楚，也不是简单的非此即彼。也许，林语堂当年的行为和他的理念有关，或许他太超前了，这应该也可以算是一种解读吧，尽管未必完全正确。无论是谁，在回头看林语堂那段经历的时候，或许要多从当时的情况分析，不要匆忙下结论。并不完全否认，当时的林语堂也有沟通不够、处理不妥的地方，但时至今日，好像也不需要非得论个是非曲直。并且，历史的真相无法水至清则无鱼，许多事情都是互相缠绕。有些东西，就让它沉寂吧。

但无论如何，南洋大学，尽管只有短暂的半年，就是那半年，尽管早就谢幕，主角依然是林语堂。

相信目标的林语堂

所以在人生的征程中，要常谛听胜利的凯歌，使我们确信我们不只是一天的孩子，而是属于永恒的公民！

——《人生的旅程》

林语堂有着非常明确的目标感。他曾经想发明中文打字机，在1931年，他就借参加国际会议的时候，绕道沉浸在发明中文打字机的工作之中。尽管后来因为经费和时间、时机等等诸多因素，没有成功，但1946年，他手中有了一定积蓄之后，就继续发明工作，最终成功了。他曾经有着浓郁的字典情结，在他定居台湾之后，接受香港中文大学的邀请，编写了《当代汉英词典》。不仅仅如此，林语堂曾经想把《红楼梦》翻译到国外，尽管后来因为写《京华烟云》，暂时搁置了翻译工作，但最终，林语堂还是翻译了《红楼梦》，这也留下了一段美谈。

林语堂喜欢《红楼梦》，所以他写过《平心论高鹗》的长篇论著，也写过《论晴雯的头发》等诸多短章，在他的著作当中，谈及《红楼梦》的文字可以说不少。

在学术界，有个普遍的说法：林语堂曾经动过想把《红楼梦》翻译成英文，后来却没有实现，改而写了为林语堂博得巨大声誉的小说《京华烟云》。在林语堂的大女儿林如斯的文章《关于〈京华烟云〉》中，林如斯也写到"一九三八年的春天，父亲突然想起翻译《红楼梦》，后来再三思考而感此非时也，且《红楼梦》与现代中国距离太远，所以决定写一部小说。最初两个月的预备全是在脑中的，后来开始打算，把表格画得整整齐齐的，把每个人的年龄都写了出来。"

从《京华烟云》可以看到《红楼梦》的结构模式，都是写几个家族观照社会发展，就是人物设置，也有《红楼梦》的影子存在。谈到《京华烟云》时，林语堂亦毫不讳言这部作品涌流着《红楼梦》的精血：重要人物有八九十，丫头亦十来个，大约以《红楼梦》人物拟之，木兰似湘云，莫愁似宝钗，红玉似黛玉，桂姐似凤姐而无凤姐之贪辣，迪人似薛蟠，珊瑚似李纨，宝芬似宝琴，雪蕊似鸳鸯，紫薇似紫鹃，暗香似香菱，喜儿似傻大姐，李姨妈似赵姨娘，阿非则远胜宝玉。

仿照《红楼梦》写就的《京华烟云》取得了巨大成功，高踞美国畅销书榜首。1975 年，林语堂凭借《京华烟云》获得诺贝尔文学奖提名。林语堂自己也不否认《京华烟云》无愧为世界名著：它的人物刻画，它深切而丰富的人性，它炉火纯青的风格，使它当之无愧。它的人物生动形象，使我们感到比自己生活中的朋友还要真实，还要熟悉。每个人物都有自己的语言风格，我们能一一加以分辨。总之，优秀小说该具备的它都具备。

也就有人认为，虽然少了一部林语堂版的英译《红楼梦》是个遗憾，但多了《京华烟云》这部著作，着实应该庆幸。而林语堂想翻译《红楼梦》，不过最终没有实现这种说法长时间存在，而且到目前为止还不断被转述或者引用，好像成为一种不争的事实。不过，近日翻阅台湾出版的刘广定先生《大师的零玉——陈寅恪、胡适和林语堂的一些瑰宝遗珍》（秀威资讯科技股份有限公司 2006 年 10 月出版）中《林语堂英译〈红楼梦〉》，才从该文中了解到鲜为人知的一些情况，那就是林语堂曾经翻译过《红楼梦》。

在《林语堂英译〈红楼梦〉》中，刘广定先生写道："实际上，林语堂在 1954 年 2 月在纽约已译成《红楼梦》的英文本，1973 年 11 月在香港定稿。1984 年由日文译本，是东京六兴出版社所出版，共四册。1992 年，东京第三书馆又再印行，称《红楼梦全一册》，可见颇受日本读者的欢迎。第三书馆称之为'中国近世小说之金字塔'（曹雪芹作，林语堂编，佐藤亮一译），译者佐藤亮一曾将林先生的多种英文著作，如《京华烟云》《杜十娘》《朱门》等译成日文。"

回头看林如斯文章中的那几句话，林如斯写道："再三思考而感此非时也"。《京华烟云》于1938年8月8日动笔，1939年8月8日完稿，而动笔之前，林语堂做了五个月的准备工作。当时的情形是抗日战争爆发，所以林语堂有"此非时也"的感觉，因此才暂时搁置了翻译《红楼梦》的念头，写出了中国第一部以抗日战争为背景的长篇小说《京华烟云》，这是一个作家的社会责任感和担当意识。

按照刘广定先生的著述，其实林语堂当年没有翻译《红楼梦》只是暂时搁置，后来是再续前缘。林语堂翻译《红楼梦》的时候，"按此节译本不但将全书予以适当重组以便读者了解整个故事的内容及连贯性，林先生并对原作稍加修正。"可见林语堂先生在翻译《红楼梦》的时候，二度创作的成分明显，既忠实原作，但又考虑读者阅读感受，还对明显的瑕疵不迁就。林语堂曾经翻译过《红楼梦》，这对于无论是喜欢林语堂，还是喜欢《红楼梦》的人来说，无疑是件好事。

从这件事也可以看出，林语堂对目标实现的执着，他朝着这个方向，直行或者迂回，但目标不改。

说真话的林语堂

一人不敢说我们要说的话，不敢维持我们良心上要维持的主张，这边告诉人家我是学者，那边告诉人家我是学者，自己无贯彻强毅主张，倚门卖笑，双方讨好，不必说真理招呼不来，真理有知，亦早已因一见学者脸孔而退避三舍矣。

——《祝土匪》

林语堂的说真话，自然有例子。其中一个就是林语堂曾经写过一个叫《子见南子》的历史剧，发表在《奔流》上。可以说，林语堂写了这篇文章，等于摸了老虎屁股。

这是个写卫灵公夫人南子召见孔子问难礼乐的故事。孔子当时游历江湖，想在卫国推销他的治国方略。要货卖帝王家，就必须得到帝王这个买家的认可，就必须向卫国的最高统治者陈述兜售。关键当时的卫灵公不大管事，面对实质上掌握朝廷大权的"寡小君"，卫灵公的宠妾南子，一向以复兴周礼为己任，言必称尧舜文武，行必治仁义礼制的孔子遭遇了人生非常尴尬的时刻。

当时南子说要见孔子，就让孔子这个众人心目中的"圣人"非常两难：不去见，自己的抱负无处诉说，更不要说在卫国施展；要去见，却是见南子。孔子头都大了。因为南子不仅仅是个美女，是个会引发路人争睹南子华容狂热的美女。更为关键的是，南子的名声不好，或者说是个声名狼藉的"荡妇"。她不顾"男女授受不亲"的禁忌，在卫国都城设了一个方便男女交际的"文艺研究社"，之前还因为与人私通而引发两国交恶，兵戎相见。这样的女人，在孔子的评价标准里，是个不折不扣的"非礼"。而孔子信奉的就是"非礼勿视"、"非礼勿言"。让孔子去见这么一个女人，这不是要孔子的命吗？让圣人孔子"情何以堪"。但最后，在内心挣扎之后，孔子还是去了。孔子必须低头，低下他"圣人"的头。理想很丰满，现实很骨感。要在卫国施展自己的抱负，孔子非得经过南子这座"独木桥"不可。

孔子见了南子之后，南子和一班歌姬一起为孔子吟唱起舞，使孔子与子路一行深为陶醉和忘怀。这未必是南子刻意要多高规格接待孔子，或许这就是南子的生活方式。关键的问题是，这时候，孔子不是个圣人了，没有"非礼勿视"，而是个普通人了，会为南子和歌姬起舞陶醉的普通人，孔子身上的光环暗淡下去。似乎孔子会选

择留在卫国了，既然退了一步，那就海阔天空。但实际上，孔子选
择了离开。出宫之后，孔子面对子路是否留下来的追问，内心挣扎
和纠结得厉害：

　　子路："夫子意下如何，可以留在卫国吗？"

　　孔子：（答非所问地）"如果我不相信周礼，我就要相信南子。"

　　子路："那么夫子可以留下了？"

　　孔子："不！"

　　子路："因为南子不知礼吗？"

　　孔子："南子有南子的礼，不是你所能懂得的。"

　　子路："那夫子为何不留下呢？"

　　孔子："我不知道，我还得想一想（沉思地）……如果我听南子
的话，受南子的感化，她的礼、她的乐……男女无别，一切解放自
然（瞬间狂喜地）……啊！不！（面色忽然黯淡而庄严起来）……不，
我还是走吧。"

　　子路："难道夫子不行道救天下的百姓了吗？"

　　孔子："我不知道，我先要救我自己。"

　　林语堂在《子见南子》这部历史剧中，应该说把孔子的形象写
得非常饱满，把孔子从圣坛上拉下来，还原成有血有肉、有情有义、
有内心矛盾的一个普通人，把孔子塑造成为一个"见乎情止乎礼"

的形象，写了孔子内心的"拉锯"，这是个人性的还原。不过，孔子是谁？孔子是圣人，圣人就不是普通人，圣人岂能会为情欲所累？那肯定是寡欲知礼，定力高超，挥洒自如，目不斜视，坚决抵御。在孔子后裔看来，林语堂这样写，就是亵渎。林语堂的文章，可就是捅了马蜂窝了。

林语堂的这部历史剧一发表，引起了轰动，《奔流》被上海读者抢购一空，还引发了各地新式学堂蜂拥排演此剧。就连位于孔子家乡曲阜的山东省立第二师范学校的师生们也在校长宋还吾的鼓励下，把《子见南子》搬上舞台。这回，林语堂因为一篇文章，引发了一场轩然大波。先是山东曲阜孔教会会长孔繁朴在幕后指使孔氏 60 户族人联名向时任教育部部长蒋梦麟呈状控告宋还吾和山东二师。然后是二师师生通电各校学生会，称《子见南子》丝毫不存在贬低孔子。双方僵持不下，发展到后来，也是孔子后裔的工商部长孔祥熙，力主惩戒事主，向孔门还以清白；而监察部长蔡元培则力保二师师生无罪，建议教育部出面调停。最后的结局是和稀泥，宋还吾"调厅另有任用"，否定孔门呈状，裁定二师新剧"不等于侮辱孔子"，不予处罚，但是各校今后不得再演此剧。这段公案过程声势很大，最后的结果却是稀里糊涂。

当这场纷争风起云涌的时候，林语堂已经回到了厦门，在厦门大学任教。他不仅仅不是隔岸观火，而是不知道这回事，后来才从有关报道上知道这件事。这有点意思，好像林语堂放了一把火，后面就没有他的什么事了，为这把火加薪或者灭火都成为别人的事，林语堂仅仅是个看客，不，连看客都不是。不知道当时林语堂是否曾经感慨"老虎屁股摸不得"或者"圣人调侃不得、开涮不得"，但事实上，经过林语堂这样一开涮，孔子可爱多了。

遥望也是一种奢侈

人类之足引以自傲者总是极为稀少，而这个世界上所能予人生以满足者亦属罕有。

——《吾国吾民》

林语堂的一个重要标签是闲适平和。闲适并非仅仅因为林语堂倡导了"以自我为中心，以闲适为格调"的小品文，正如林语堂的"平和"也非仅仅林语堂是平和人。"闲适平和"对于林语堂来说，是一种人格修养，是一种生活态度。

林语堂曾经激情四射过，一个时期是在上海圣约翰大学，他当时业绩很好，曾经在一个休学典礼上四次上台领奖，成为上海圣约翰大学的风云人物，他还参与编写校刊，是校刊的责任编辑，代表学校参加远东运动会的长跑项目等等。或许这是年轻人血气方刚的表现，他从国外留学回来，在北京大学任教之后，成为"语丝"猛将，和鲁迅等人并肩，撰写发表了一系列激情飞扬的文字，这可不能简单地用年轻人的血气方刚来解释。这个时期，对于林语堂来说，是思想的活跃，血性的喷涌，他不单单用文字战斗，他还走上街头，用石头和砖块与军阀警察对垒，充分发挥他在学校时的垒球高手的特长，对阵了一回，以致眉头边上留下了一道伤疤。

但林语堂更多的是平和。林语堂故居前的花山溪，因为水势平缓，不要说没有大海的惊涛拍岸，连水花飞溅的机会也不多。除了暴雨之后，可以看到河水裹挟着一些漂浮物远去，平时，这条河就是极为舒缓地流淌，宛如柔和的小调，如果愿意，可以感受到它的优美，如果匆忙，几乎可以忽略。在这样的环境下生长的林语堂，自然也受到了这条河流的浸染，没有了太多的彪悍。

对于林语堂来说，人生可能有太多的不如意或者无法完美，于是，他并不一味追求完美。一条道走到黑，不是林语堂人生的选择。小时候的林语堂，经常在花山溪边看河水流淌，他应该经常看到，花山溪的水流下来的时候，也会遇到岸边，也会遇到石头。毕竟，花山溪的河道并非一览无余地笔直向前，而是曲折拐弯。这时候，河水只能顺着河道拐弯，河岸永远是河水的制约，也是河水的引导。至于石头，在水之中，大海的浪花也许有足够的力量冲撞礁石，但溪水缺乏这样的可能。花山溪的水冲撞石头，那也蹦跶不了多高，颇有点不自量力的意味。在平和，有句俗语

"草蜢弄鸡公，鸡公蹦蹦跳，草码死翘翘"，意思就是草蜢戏弄公鸡，公鸡一发火，草蜢就被公鸡吃了，死了。林语堂也许同样知道这句话，他看到的是溪水遇到石头之后，选择了从两边分流而去。溪水没有选择和石头纠缠，这是溪水的聪明，它分流之后，依然是向着远方。

　　家乡的水，一直在林语堂的记忆里流淌，他从中得到顿悟：世界上的完美是没有的，于是他选择了后退一步，或者如林语堂研究专家王兆胜所言，林语堂是个失败者的形象，是个撤退者。他面对不可逾越的困难，不是"死磕"，也不是垂头丧气，而是以一种积极的心态，另辟蹊径。不是说"条条大路通罗马"吗，林语堂相信，"地球是圆的"。

　　正是如此，林语堂可以很清晰地看到，世界上其实并没有完美，并没有多少让人引以自傲，既然资源如此稀少，那么经常让人感觉到不满足也属于常态。现实如此，没有必要为此伤心欲绝或者哀伤叹气。林语堂是个聪明的人，他的聪明就在于他的能够洞察许多东西，他明白，遥望也是一种奢侈的时候，那么许多时候就选择舍得，选择放弃。想通了，自然头就不痛，更为关键的是，林语堂也没有心痛。从某种意义上说，林语堂的人生不纠结，能走则走，不能走我就绕道。有了这样的心态，他的闲适、平和，就是一种从内心深处和骨髓缝里流露出的自然，而不是附庸风雅，不是故弄玄虚。唯有内心的平静，才有可能真正平和。唯有平和，人生才会快乐。林语堂不遥望的时候，他看到了附近和身边的许多风景，意外享受了许多。这足以让林语堂感觉到心满意足。

当漂泊成为一种习惯

作家的笔正如鞋匠的锥，越用越锐利，到后来竟可以尖如缝衣之针。但他的观念的范围则必日渐广博，犹如一个人的登山观景，爬得越高，所望见者越远。

——《生活的艺术》

想想林语堂，除了闲适、幽默、平和、快乐之外，就其人生履痕而言，还要加上一个词，那就是漂泊。

林语堂出生在平和，并在平和接受启蒙教育，度过快乐的童年时光。从 10 岁开始，林语堂就开始了他的漂泊生活。1905 年，林语堂离开平和坂仔，先坐小船到县城，然后坐五篷船到漳州，坐蒸汽小轮船到厦门鼓浪屿。从小学到中学，每年回平和一次。尽管林语堂对这顺水两天两夜、逆水三天三夜的航程没有感觉到苦闷和孤寂，而是视之为毕生难忘的美景，但这样的来来去去，对于一个小孩子来说，不可能没有艰辛的地方。否则，林语堂也不必在每年假期的时候，不等船驶到坂仔家门口的码头，而是在有一段距离的时候，就下船飞奔，一路喊着"阿母，阿母"，扑进母亲的怀抱。

1912 年，林语堂离开厦门，到上海圣约翰大学读书。离家乡更远了，每年的假期，回到平和的林语堂不可能像小时候那样边跑边喊，但思乡之情自是难免。从上海圣约翰大学毕业，林语堂到北京任教。三年后，出国留学，在美国哈佛大学、法国巴黎、德国莱比锡之间行走，这自然也是一种漂泊。

1923 年，林语堂获得德国莱比锡大学的博士学位，回国在北大任教。北京的生活也没有多久，因为支持进步学生的运动，抨击时政，林语堂被当年的北洋军政府列入通缉的黑名单，他回到家乡的厦门大学任教。在厦大不到一年，林语堂又不得不再次踏上漂泊的行程。先是武汉，然后是上海。从 1927 年到 1936 年，这应该算是林语堂相对稳定的时间，但期间的 1931 年，他到瑞士出席国际联盟文化合作委员会年会。本来这不用太长的时间，可是他顺便到英国与工程师研究制造打字机的模型，在那里住了几个月，这样他离开的时间就将近一年。因为日军轰炸上海，廖翠凤带着三个女儿回到厦门娘家，体会到大家庭的复杂，也让林太乙初次尝到生命的悲伤和不公平。

1936 年 8 月，林语堂举家离开中国，到美国写作。这一去，就是三十年，直到 1966 年定居台湾。在这三十年里，林语堂在美国数次换地方、租房子，还到法国等地游历，两次回到中国，到联合国教科文组织任职，到新加坡南洋大学任校长等等。这三十年，对于林语堂来说，更是个漂泊的行程。他宁愿租房子，也不买房子，也不加入美国籍，林语堂的心在中国，他以这种方式，提醒自己也告诉别人，自己是个中国人，无论在美国待多久，他只是把这当成一种旅行，一种暂时停歇自己漂泊脚步的方式而已。有一天，他终将回去。

1966 年，林语堂想终结自己的漂泊行程了。他把脚步定格在和老家漳州具有同样闽南文化背景的台湾。他在阳明山，修建了属于自己的房子，按照自己的设计理念。这似乎可以理解为林语堂前面的生活一直在以逗号、顿号、分号等等形式进行，阳明山的林语堂的家，才是以句号的方式出现。不过，林语堂在有了自己的家之后，还是在港台之间来来去去，至于到韩国等地参加会议，到其他地方旅行那只是小小的插曲而已。

1976 年 3 月 26 日，林语堂在香港病逝。但林语堂再次出发，只是这出发是被出发，是没有他决定权的出发，或者说是他事先策划决定的出发。他移灵台湾，下葬在台北林语堂故居。这时候，林语堂漂泊的脚步真正停止了，他把最后的步伐定格在阳明山，定格在仰德大道142号，定格在那个和童年老家平和后花园同样名字的土地上。

回看林语堂一路走来，印象是风尘仆仆，是漂泊。他唯一最为稳定的生活，是他生命中最早的十年，这十年，他就是行走在平和的土地上，这块土地给了他营养，让他感觉"为学养性全在兹"，他写过一万八千字的《林语堂自传》，写过约六千字的《八十自叙》，包括他写过的约六十本书，上千篇的文章，除了常提到他快乐的童年之外，很少写到他的私人生活。

平和，除了是林语堂漂泊的起点，是他的根所在，其实也是林语堂最后的落脚点。生命中的最后十年，林语堂的脚步在台湾，在香港，但是他的视线，他生命的意识却依然在平和，离开了平和，林语堂就一直在路上。如果说，林语堂是一棵树，那他的树根和树干都是在平和，他的行走、他的漂泊的履痕是向不同方向伸展的枝条、树叶。无论怎样摇曳，他牢牢地立足平和。

想到林语堂的漂泊，脑海中就出现一幅在哪个影视作品里看到的画面。画面上，都是行走的脚，前前后后交替行进，踢起的尘土飞扬，经过一片湿地，留下的脚印深深浅浅。正因为漂泊，让林语堂类如爬山，所见者越来越远。那么，林语堂已经是一种高度了，是"当今代表中国走出去的文化高度"，就让林语堂歇歇吧，在亲切的"后花园"，在让他心笙摇动的闽南话中，在唯一一处他自己设计的家中，停止他漂泊的脚步。

男人的那一点点虚荣

　　一位现代中国大学教授说过一句诙谐语："老婆别人的好，文章自己的好。"在这种意义上说来，世间没有一个人会感到绝对的满足的。大家都想做另一个人，只要这另一个人不是他现在的现在。

　　　　　　　　　　　　　　　　　　　　——《生活的艺术》

　　林语堂是个闲适、幽默、平和的大师。在常人看来，林语堂应该也有大师的风范，事实也确实如此，但不容否认，林语堂首先他也是个人，是个常人，是个近情的人，那他有一点点虚荣也不为过。

　　林语堂的虚荣，就像一条小虫子，偶尔钻出地面，或者被人看到，或者被忽略了。而无论看到或者忽略，事实上，这小虫子存在了。

　　林语堂喜欢散步，他也经常和太太廖翠凤出去散步。不过他和廖翠凤出去散步的时候，有个细节挺好玩。在林语堂的女儿林太乙笔下，她的父亲林语堂和母亲廖翠凤散步的时候，许多时候是一前一后走着的，但如果廖翠凤是穿着貂皮大衣，那林语堂就选择和她并排行走。从这个小小的细节，可以看出林语堂的那一点点虚荣，那条小虫子爬出地面，被林太乙发现了。

一个男人希望自己的老婆给自己加分，大抵是没有错的。林语堂和廖翠凤一起走在路上，他曾经为廖翠凤恼怒过，那就是廖翠凤打了一个响嗝或者故意拉长声调、发出期待引人注目的尖叫。或许廖翠凤有她的理由，她觉得有必要让别人的目光看过来。但对于林语堂来说，或者考虑的就是另外一回事了，是文明、修养、教养等等。以致他把情绪挂在脸上，不仅仅是拉开那一两步的距离，而是恼怒。

或者这就是男女考虑问题的出发点不同，产生了不同的感觉。难怪林语堂当年发明了"明快打字机"之初演示失败的那份尴尬。当时，在雷明顿打字机公司位于曼哈顿的办事处，林语堂和林太乙向十几名公司高级职员演示明快打字机，谁知道因为一个小小的故障，打字机居然没有反应。林语堂不得不向众人道歉。"于是我们静悄悄地把打字机收入木箱里，包在湿漉漉的油布里，狼狈地退场。"这可是远比太太穿什么衣服或者有哪些他认为不当的小动作让林语堂更为有损自尊和面子，可以想象当时林语堂的尴尬，他肯定有颜面丢尽的挫折感。

因为明快打字机的事情，林语堂为此虚荣一把，似乎也不为过。他尽可以理直气壮地让那条小虫子爬到众人的视线之内，让它接受目光的检阅。不知道林语堂是否曾经听过一句闽南话"风神（要面子）是要本钱的"。林语堂的"风神"是在他和赛珍珠出版公司签订图书出版合同的时候，他自己也说是"慷慨潇洒"地一签了之，也许有出于对朋友的信任，也不排除自己的那一点点虚荣，不好意思和朋友计较。到后来，林语堂才发现，自己吃亏吃大了。毕竟林语堂这明白，是在一二十年之后，林语堂损失的版税也就很可观。我不知道林语堂发现自己吃了大亏的时候，是否有感慨一声"风神是要本钱的"。

在自己买东西的时候，林语堂还让虚荣的小虫子爬出来，在柜台上闪现。林语堂买东西，总是以九折还价，要是还一半的价，他总开不了口。从这个"开不了口"，某种程度上是林语堂的虚荣，他受不了让别人，其实就是卖东西的人看他怪异甚至不屑的目光，好像自己买不起还故作姿态。从另一个也可以说林语堂不够狠，但那些商家却是足够狠，他们开价有的就是虚高，林语堂也知道"有些地方，买卖还价应该比开价少五六成。"这一虚荣，让林语堂的钱包受伤了，以致林语堂自己也说自己"但是办事精明一道，实在不无遗憾。"

当然，虚荣也未必全是坏事。毕竟虚荣有些时候就是清醒剂，能让自己知道自己要什么，自己要通过努力维护自己那一点点虚荣，虚荣，和自尊心其实就是一墙之隔，没有明显的界限。而且，林语堂的一点点虚荣，有些时候还是挺温馨的。

林语堂曾经去过一家五金店，买了一把锤子、一圈铜丝，和不少可用而不必要用的钢铁器物。原因是那个老板是讲闽南话的，是老乡，于是林语堂就买了一大堆东西。林语堂认为老和人家说话，不向人家买东西，说不过去。也许那老乡压根没有想那么多，能在他乡遇到老乡，说不定他也高兴，而林语堂就因为那一点点虚荣，自己给自己画了框框，从而买了一堆东西。不过，我喜欢林语堂这为故乡情而买不必用之物，即使这是虚荣，我也觉得虚荣得可爱。

要面子，是人之常情，何况中国人是特别讲面子的民族。作为被中国传统文化，尤其是闽南文化浸润的林语堂，讲究面子无可厚非，有了那一点点虚荣也是近人情的表现，因为这一点点虚荣，让林语堂更为可爱，更为走进我们的生活，不至于离我们太远。

尘世是唯一的天堂

"我们的生命总有一日会灭绝的,这种省悟,使那些深爱人生的人,在感觉上增添了悲哀的诗意情调。然而这种悲感却反使中国的学者更热切深刻地要去领略人生的乐趣。"

——《生活的艺术》

尘世是唯一的天堂。林语堂尽管是个基督教徒,但他却脚踏实地,对人生有着实事求是的展望,他相信现实,而不是虚无缥缈的天堂。正是这种脚踏实地,让林语堂即使是风筝,也有一条线扯着,有一个坠子拉着,而不是在半空中漫无边际地飘荡。林语堂的婚姻、林语堂的美食、林语堂的闲适、林语堂的享受等等,莫不是因为他把尘世作为自己风筝的坠子,以致这尘世有了极为强大的吸引力,让林语堂在现实中演绎诸多人生的精彩。

在林语堂的笔下,"我们的生命总有一日会灭绝的,这种省悟,使那些深爱人生的人,在感觉上增添了悲哀的诗意情调。然而这种悲感却反使中国的学者更热切深刻地要去领略人生的乐趣。""我们的尘世人生因为只有一个，所以我们必须趁人生还未消逝的时候，尽情地把它享受。"于是从物质到精神的享受成为林语堂的生活格调之一，他毫不讳言对这种享受的追求。衣、食、住、行还有心灵的享受，林语堂在各个环节和视野领域都尽量不亏待自己，因为他笃信："因为我们相信：既然大家都是动物，所以我们只有在正常的本能上获得正常的满足，我们才能够获得真正的快乐。这包括生活各方面的享受。"

基尔爵士说过："如果人们的信念跟我的一样，认为尘世是唯一的天堂，那么他们必将更竭尽全力把这个世界造成天堂。"这句话和林语堂的信条有了惊人的吻合，这就像错落在不同时空但是奇妙重合的轨迹，林语堂也清楚地知道"人类的寿命有限，很少能活到七十岁以上，因此我们必须把生活调整，在现实的环境之下尽量地过着快乐的生活。"

当众多人都想逃离尘世或者为自己建立一个虚无的精神空间的时候，林语堂把脚放了下来，踩踏在坚实的土地之上。他以为如果人企盼今后能在天堂里游手好闲，不如今天闲适地生活，这至少也有个基础。林语堂的闲适、平和也许就来自对人生的准确把握，对生命本质的透彻了解。世事洞明皆学问，只有当局者迷的人才时常怨叹生活的不如意，世事的无常，其实，对于人生，往往需要的是转换一个角度来看，就像万花筒，也许转一下就是全然不同的风景。

林语堂的自我调节，让他享受的生活空间豁然开朗。自然的享受、文化的享受，生命的享受，悠闲的享受，家庭的享受，路在林语堂的脚下已经不仅仅是一条，而且是以他为中心，呈放射线地拓展延伸，颇有条条大路通罗马的架势。林语堂也不故作高深，并不居高临下地指点人生，他谈文化，但不酸腐，谈人生，但不做作。他说抽烟，论喝茶，讲饮食，话酒令，纵横排挞。

尘世是唯一的天堂，让林语堂很好地把握当下，从这个角度讲，林语堂是个现实主义者。在人生的重要关头，林语堂充分显现了他面对现实，适应环境的一面。当初恋女友赖柏英因为要照顾眼睛失明的祖父，而林语堂要外出求学，尽管他们爱得"非常纯粹"，赖柏英也希望林语堂能够留下来，可是林语堂还是选择了外出求学。当林语堂和陈锦端的爱情遭遇陈锦端父亲陈天恩的阻拦时，林语堂哭得瘫软下去，最后他接受了廖翠凤，而且把婚后的生活经营得非常之好，尽情享受了家庭的欢乐。这是林语堂的明智也好，是他的现实也好，但林语堂把握住了当下的机会，他没有沉湎于过去的爱情，而是选择了现在，选择了面对现实，于是他就有了快乐的人生。

　　因为林语堂的睿智，因为他的脚踏实地，因为他视尘世为唯一的天堂，林语堂在尘世中有了许多快乐，把人生过得充实、快乐、精致。当林语堂不再把尘世当成想逃离的地方，而是把尘世当成天堂，那么尘世就成为林语堂的天堂，林语堂活得如神仙般滋润也就成为一种可能。

　　当我们走远的时候，看到许多背影匆匆而逝，林语堂的背影肯定是从容的，因为他没有太多的遗憾。

脱离常轨的林语堂

我们大家都有一种脱离常轨的欲望，我们大家都希望变成另一种人物，我们大家都有梦想。

——《生活的艺术》

在林语堂的生命中，他有着脱离常轨的努力，也确实成功了，这脱离常轨的动力，最初来自父亲林至诚。在林语堂的心目中，林至诚是个理想者，"是个无可救药的乐观派，锐敏而热心，富于想象，幽默诙谐"。林至诚留给林语堂的是一个勤劳和热爱学习的背影。"据我所知，家父是个努力自学成功的人。他过去曾经在街上卖糖果，卖米给囚犯，获利颇厚。他也曾贩卖竹笋到漳州，两地距离约十至十五里地。他的肩膀上有一个肉瘤，是由于担扁担磨出来的，始终没有完全消失。"林至诚以如此的方式承担起家庭的重担。有一次，有人叫他给一个牧师担一担东西，表示不拿他当作外人。那个基督徒对这个年轻人却没有怜悯心，让他挑得很重，那些东西里有盆有锅。不仅如此，那人还以"小伙子，你很好。你挑得动。这样儿才不愧是条好汉"来把自己的过分要求说得冠冕堂皇。林至诚尽管是个"无可救药的乐天派"，但他直到后来，还记得在那个炎热的下午所挑的那一担东西。这个记忆让林至诚至少有种憋屈的感觉，他才会在多年之后向林语堂说起这件事情，而且不止一次。

林至诚在坂仔传教，声音响亮，幽默风趣，吸引了不少信众。他还当教会里的老师，调解民间纠纷，为鳏夫寡妇做媒，甚至为了一个税吏欺压卖柴的人和当地的一个税吏打过一次架，这让林至诚有了极高的声誉，以致尽管教会公会曾经一度想换掉林至诚，但五次票选，林至诚都连任，教会公会也无可奈何。但这是林至诚在平和坂仔的生活。五里沙把林至诚的再次目光牵扯，是在林语堂的哥哥要前往上海圣约翰大学读书的时候，因为钱不够，林至诚把五里沙的祖宅卖了凑学费，当林至诚在卖房子的契约上按下手印的时候，他掉泪了。这是林至诚对故土的一种不舍，是艰辛的一种心酸。尽管当时林至诚一家居住在平和，但毕竟是祖宅，林至诚知道，这手印按下去，内心深处有某种东西被切割了。

1880 年，林至诚是个 25 岁的青年人，他踏上平和坂仔的土地，奔走传教。尽管期间曾到厦门同安、石码等地传教七年，但他的家依然安置在平和坂仔。当林语堂携带新婚的廖翠凤在美国哈佛大学留学时，走上轮船的跳板，回首看到林至诚送行的景象，让林语堂始终不能忘记。在林语堂的记忆中，当时他的父亲双目凝视，面带悲伤，似乎在说："现在我送你们俩到美国去，也许此生难以再见。我把儿子交托给这个做媳妇的。她会细心照顾你。"廖翠凤没有让林至诚失望，她确实把林语堂照顾得非常好。1922 年，林语堂在德国莱比锡听到父亲林至诚去世的消息，他无法回国，只能在异国他乡流下缅怀父亲去世的眼泪。

对于父亲林至诚故乡的天宝五里沙，林语堂几乎没有着墨。1931 年，林语堂代表当时的"中央研究院"到瑞士出席国际联盟文化合作委员会年会，会后顺道到英国找工程师研究中文打字机，直到 1932 年才回来。在林语堂离开上海期间，"一·二八"事变爆发。"一·二八"之后，廖翠凤在亲戚的帮助下，买到船票，带着三个女儿回到厦门鼓浪屿。林太乙曾经在《林家次女》中写到"有一次我们还坐公共汽车到漳州去看祖母（祖父早已去世）。祖母躺在床上，她说我们好乖。第二年，她就过世了。"这次回乡，林语堂没有回去，他还在英国。但在 1933 年秋天，当林语堂的母亲杨顺命以七十七岁高龄去世的时候，林语堂回到五里沙，为母亲举办丧事。这也是目前比较准确记载林语堂踏上天宝五里沙土地的文字。"在我母丧后出殡的四天之前，忽然大雨倾盆，这雨如若长此下去（这在漳州，秋天是时常如此的），城内的街道都将被水所淹没，而出殡也将因此被阻。我们都是特地从上海赶回去的，所以如若过于耽搁日子，于我们都是很不便的。"林语堂的一个亲戚是个笃信基督教的教徒，向来信任上帝，认为上帝必会代他的子女设法的。她即刻做祈祷，而雨竟停止了。这场雨给了林语堂方便，却让他对上帝产生疑义。但不管如何，这毕竟可以证明，林语堂回过五里沙。五里沙再次以哀伤的方式，留在林语堂的记忆里。林语堂在他的散文《车行记》里，写到他从厦门乘长途汽车回漳州的情形，这篇文章写的具体是哪一年的事情，林语堂回到漳州是到平和或者天宝，抑或就是停留在漳州市区，那是另外一次的回望，有待进一步考证。

我曾经数次在雨中参观五里沙的林语堂纪念馆，在纪念馆后面，林语堂的父亲林至诚和母亲杨顺命的合葬墓就在香蕉园中。墓不大，也谈不上豪华，但就是乐观的父亲林至诚和善良的母亲杨顺命，生育了林语堂。我向林至诚和杨顺命的合葬墓深深鞠了一躬。雨还在下，这几次的雨，和林语堂当年的雨肯定不同，雨水打在香蕉叶上，林语堂哀痛的是他的母亲，我想到的是林语堂。

林语堂的有不为斋

"我恍惚似已觉得，也许我一生所做过许多的事，须求上帝宽宥，倒是所未做的事，反是我的美德。"

——《有不为斋解》

　　林语堂的书斋叫"有不为斋"，在台北林语堂故居，"有不为斋"的题词还挂在墙壁上。对于为什么叫"有不为斋"，林语堂曾经写过一篇文章《有不为斋解》对此做了解释。在文章中，林语堂坦承这个斋名有点道学气，属于言志类的书斋名。

　　林语堂取名"有不为斋"，引自孟子的有所不为然后可以有为，尽管许多东西证明物极必反，但林语堂认为一个人总有他有所不为的事。被朋友发问为什么叫"有不为斋"，让林语堂盘点了一回内心，林语堂说"我恍惚似已觉得，也许我一生所做过许多的事，须求上帝宽宥，倒是所未做的事，反是我的美德。"那么有哪些是林语堂不为，而被林语堂自诩是美德的事呢？林语堂开列了一个单子，从这单子我们可以看到林语堂的内心操守的底线。

我不曾穿得西装革履到提倡国货大会演说，也不曾坐别克汽车，到运动会鼓励赛跑，并且也不曾看得起做这类事的人。我极恶户外运动及不文雅的姿势，不曾骑墙，也不会翻筋斗，不论身体上，魂灵上，或政治上，我连观察风势都不会。我不曾写过一篇当局嘉奖的文章，或是撰过一句士大夫看得起的名句，也不曾起草一张首末得体同事认为满意的宣言。也不曾发、也不曾想发八面玲珑的谈话。我有好的记忆力，所以不曾今天说月亮是圆的，过一星期说月亮是方的。我不曾发誓抵抗到底背城借一的通电，也不曾作爱国之心不敢后人的宣言。我不曾驱车至大学作劝他人淬励奋勉、作富贵不能淫威武不能屈的训辞。我不曾诱奸幼女，所以不曾视女学生为"危险品"，也不曾跟张宗昌维持风化，禁止女子游公园。我不曾捐一分钱帮助航空救国，也不曾出一铜子交赈灾委员会赈灾，虽然也常掏出几毛钱给须发斑白的老难民或是美丽可爱的小女丐。我不曾崇孔卫道，征仁捐，义捐，抗×救国捐，公安善后捐，天良救国捐。我不曾白拿百姓一个钱。我不好看政治学书，不曾念完三民主义，也不曾于静默三分时，完全办到叫思想听我指挥。我不曾离婚，而取得学界领袖资格。我喜欢革命，但永不喜欢革命家。我不曾有面团团一副福相，欣欣自得，照镜子时面上未尝不红泛而有愧色。我不曾吃喝用人，叫他们认我是能赚钱的老爷。我家老妈不曾窃窃私语，赞叹她们老爷不知钱从哪里来的。我不曾容许仆役买东西时义形于色克扣油水，不曾让他们感觉给我买物取回扣，是将中华民国百姓的钱还给百姓。我不曾自述丰功伟绩，送各报登载，或是叫秘书代我撰述送登。也不曾订购自己的放大照相分发儿子，叫他们挂在厅堂纪念。我不曾喜欢不喜欢我的人，向他们做笑脸。我不曾练习涵养虚伪。我极恶小人，无论在任何机关，不曾同他们钩心斗角，表示我的手腕能干。我总是溜之大吉，因为我极恶他们的脸相。我不曾平心静气冷静头脑地讨论国家，不曾做正人君子学士大夫道学的骗子。我不曾拍朋友的肩膀，作慈善大家，被选为扶轮会员。我对于扶轮会同对于青年会态度一样。我不曾禁女子烫头发，禁男子穿长衫，禁百姓赛龙舟，禁人家烧纸钱，不曾卫道崇孔，维持风化，提倡读经，封闭医院，整顿学风，射杀民众，捕舞女，捧戏子，唱京调，打麻将，禁杀生，供大王，挂花车，营生圹，筑洋楼，发宣言，娶副室，打通电，盗古墓，保国粹，卖古董，救国魂，偷古物，印佛经，禁迷信，捧班禅，贴标语，喊口号，主抵抗，举香槟，做证券，谈理学……

看了这段文章，似乎要呼一口长气。如今的"有不为斋"在台北林语堂故居里，成为一处咖啡馆，游客可以在那里喝咖啡，吃美食。林语堂曾经说过"能闲世人之所忙者，方能忙世人之所闲。人莫乐于闲，非无所事事之谓也。闲则能读书，闲则能游名胜，闲则

能交益友，闲则能饮酒，闲则能著书。天下之乐，孰大于是？"有
不为斋餐厅正是一个可以闲下来的地方，感受一回林语堂的闲适。
餐厅外面是阳台，林语堂常常在此抽烟，喝茶，喝咖啡，看远处的
夕阳。

2009 年 11 月和 2013 年 5 月，我曾两次到台北林语堂故居，在
有不为斋餐厅坐了一会儿，在林语堂的阳台静默片刻，感受林语堂
的闲适、平和。

第二辑

通达

林语堂的半半人生

　　中庸精神，在动作和静止之间找到了一种完全的平衡。所以理想人物，应属一半有名，一半无名；慵懒中带用功，在用功中慵懒；穷不至于穷到付不出房租，富也不至于富到可以完全不做工。

——《子思：中庸哲学》

　　林语堂的闲适平和为许多人所称道，我想这是因为林语堂很好地寻找到了人生的平衡点。某种意义上，人生是个跷跷板，一方面，是人与命运的抗争，这种抗争在坚持的外衣下，也可以说是一种累，毕竟，人的力度有限，并非所有的抗争都是有结果，并非所有的抗争都值得赞颂；也不是一味地随波逐流，或者说"今朝有酒今朝醉"地尽情享受，无所事事导致一事无成。无论是创业或者内心世界的修为，这个跷跷板的平衡点也就至关重要，找到合适的平衡点，内心就是安静的，人生就是平和的，反之，人生或者走向两个极端，或者就是此起彼伏地飘来荡去。

　　林语堂从小生活在平和坂仔，深受乡村生活和传统文化的影响。

尽管他有基督教的背景，读的是教会思想，但他深受儒家思想的影响，拥有着丰盈的道家情怀。他深受中庸思想的影响，他自己就曾经说过"我像所有的中国人一样，相信中庸之道。"一句话，把自己内心世界的来源点明了一个来路，另外，他津津乐道清代李密庵的《半字歌》："看破浮生过半，半之受用无边。半中岁月尽幽闲，半里乾坤宽展。半郭半乡村舍，半山半水田园。半耕半读半经尘，半士半民姻眷。半雅半粗器具，半华半实庭轩；衾裳半素半轻鲜，肴馔半丰半俭。童仆半能半拙，妻儿半朴半贤。心情半佛半神仙，姓字半藏半显。一半还之天地，让将一半人间。半思后代与沧田，半想阎罗怎见。饮酒半酣正好，花开半吐偏妍。帆张半扇免翻颠，马放半缰稳便。半少却饶滋味，半多反厌纠缠。百年苦乐半相参，会占便宜只半。"字里行间，可以看到李密庵的知足，也可以看到林语堂的人生理想。

一句"半中岁月尽幽闲，半里乾坤宽展。"流露出李密庵或者林语堂对人生享受和创业拼搏的判断，这两者必须是结合的，才是最佳的人生状态，也就是林语堂说的尽力工作、尽情作乐。人生的跷跷板，偏向哪边都是不完美的。林语堂一生著述颇多，他写书的勤奋以及工作的尽力，不言而喻。他创作《京华烟云》，仅仅用了一年的时间，他编译文章，更是神速，有些时候，仅仅用数个月的时间，就完成一本书。他到了 70 多岁的时候，还接受香港中文大学委托，编写《当代汉英词典》，这些，是林语堂的尽力工作。但林语堂不是仅仅会工作，他还会享受，享受生活，享受悠闲。于是，他买鸟、钓鱼、散步、旅游品尝美食。他写完《京华烟云》的时候，立即和家人乘上汽车，去品尝美食。他编写完《当代汉英词典》，做出退休的决定，感觉这时候没有比稳定的血压更重要的事。这是林语堂的睿智、聪明和豁达。

"饮酒半酣正好，花开半吐偏妍。"这符合林语堂的心境，凡事不到顶格，而是留有余地，这从林语堂的第二名情结，就可以窥探到他的内心定位。如果每次都到达顶峰，也许可以有风光的时候，但也有风险，弦绷得太紧易断，也许不少人懂得这个道理，但同样有不少人，都想尽自己最大的努力把弦拉到极致。无法攀登的人是命运的悲哀，但有攀登能力的人不知道或者知道但不舍得什么时候停留，那是人生的悲壮。悲壮好像比悲哀更有气势，但也更惨烈。

林语堂在合适的时间、合适的地点停留或者掉头，这是人生的大智慧，也是命运的境界。人生在世，谁没有矛盾的时候，谁没有取舍的选择，在对的时间做对的事，这是许多人的追求，但有些人能够做到，有些人做不到。林语堂对《半字歌》的喜欢，就是他找到了自己人生快乐这个跷跷板的支点，他找到能够和内心呼应而产生强大气场的选择。于是，林语堂是闲适、平和、快乐的。

宽容的林语堂

人类尽管有许多弱点，尽管有许多缺点，我们仍必须热爱人类。

——《猴子的故事》

说林语堂是宽容的人，或许有人会提意见，但我觉得这其实并不是误读，林语堂确实是个宽容的人，而且他的宽容是和闲适、平和紧密相连的。

林语堂的宽容，其实有不少例子。他在上海的时候，曾经雇用了一个跑腿的，叫阿芳，是个十几岁的男孩子。阿芳很聪明，会修理电铃，会接保险丝，悬挂镜框，还会补抽水马桶的浮球。阿芳把这些本来是林语堂在做的事情都承担起来，这样聪明的人很得林语堂的欣赏。因为聪明，他喜欢接触各类东西，曾经趁林语堂还在睡觉的早晨，借打扫书房的机会，玩弄那一部打字机。有一天阿芳把打字机弄坏了，林语堂修理了两个小时还无法修理好，林语堂骂阿芳不该玩弄这机器，可是等林语堂下午散步回来，阿芳告诉林语堂他把打字机修理好了，让林语堂开心不已。林语堂一开心，不仅仅没有追究这个用人的责任，还把他会用厦门话、英语、汉语、上海话骂人的毛病当成一种才能，认为他有语言天赋，甚至想出钱把他送到夜校念英语，后来因为这用人自己不去才作罢。

阿芳不仅仅有这毛病，他做事的时候，"混乱、仓皇、健忘、颠倒，世上罕有其匹。"在厨房里干活，一周打破的杯盘，够其他用人打破半年的总额。让他去买一盒洋火，他一去两个小时，回来带了一只新布鞋及一只送给小孩的蝗虫，但是没有洋火。一收拾卧房，就需要三个小时。阿芳还会把洋刀在洋炉上烤焦，扫帚留在衣柜中。就是这样"在家里造反"的人，但林语堂因为他聪明，"骂既不听，逐又不忍，闹得我们一家的规矩都没有，主人的身份也不易支撑了。"林语堂还为他开脱，说"幸而天真未失，还不懂得人世工作与游戏的分别。"

阿芳很得林语堂喜欢，后来林语堂雇用了另外一个 21 岁的女用人做饭，18 岁的阿芳工作更加废弛，以致林语堂下定决心非整饬纲纪不可，给擦皮鞋的阿芳下了死命令，如果第二天没把擦好的皮鞋放在厨房前，就要把他辞退，结果第二天拿来皮鞋的是做饭的女用人，林语堂也无可奈何。后来这两个人好上了，串通好偷林语堂家的银器到外面去卖。林语堂从没有怀疑他们，还是等这两个家伙在外面因偷东西被捕入狱，自己招供之后，林语堂才明白过来。

还有一次，也是关于用人的事情。林语堂夫妇带着孩子们到无锡去玩，本来说好第二天才回来，可是后来他们改变主意，当天晚上回家了。到家之后却发现，厨子和洗衣服的女用人睡在他们的床上。这可把廖翠凤气坏了！她立即把他们赶下楼去，并让孩子们的保姆换了床单。第二天，廖翠凤执意要赶这两个人走。林语堂又发慈悲了。他替厨师求情，理由是"他烧的八宝鸭实在好吃"，而那个洗衣妇却没有脸面再留下来了。这时候林语堂又出了个主意，把厨子在乡下的妻子接到上海来，顶了洗衣妇的职务。

无需太多的例子，我觉得只要这两个用人的事情，就足以证明林语堂是个宽容的人，当然他的宽容是和他的闲适有关，他不喜欢做那些杂事，喜欢享受美食。还有林语堂的平和，林语堂的为人之道本来就是："人在世上只能求做个合情理、和气、平易近人的人，而不能希望做个美德的典型。"或许就是林语堂小时候生活在平和，生活在平和的传统文化之中，他耳濡目染，得到的教育就是宽容、忍让。在林语堂小时候生活的闽南，在厨房里供奉的灶君像前或者饭桌上方，时常有一副对联："世事让三分天宽地阔，心田留一点子种孙耕"，成长之后的林语堂又秉承到家的中庸，遵循人生的"半半"

哲学，因此他可以原谅别人的缺点，自己也不求完善。正如他的女儿林太乙所说："父亲心目中无恶人，信赖任何人。"

正因为平和，林语堂宽容，也正因为宽容，林语堂平和。这是很有意思的事情。

寂寞林语堂

先行是孤独的，而我亦愿承受。

——《林语堂语录》

林语堂声名鹊起，被誉为"世界文化大师"，他提倡快乐的人生观，但在他的生命历程中，并非都是快乐的，甚至不乏寂寞的时候。

林语堂被称为幽默大师。他首创把英文 Humour 音译为幽默，写了《论幽默》《征译散文并提倡幽默》《幽默杂话》《论孔子的幽默》等等文章，解读幽默，倡导幽默。他创办了《论语》，这本刊物以"幽默闲适"和"性灵嬉笑"见长，一经问世就大受欢迎，引领了其他刊物的诞生和具有幽默品质的文章大量出现，以致《论语》创办的第二年被称为上海文坛的"幽默年"。在林语堂的演讲生涯，有关幽默的事例也颇为多见，有一次，林语堂应邀参加一所学校的毕业典礼。在他讲话之前，已经有不少人发言，轮到他发言的时候，已经将近 12 点了。当时不少人认为林语堂肯定也会洋洋洒洒发表一通高见，只见林语堂站起来笑着说："绅士的演讲，应该像女人的裙子，越短越好。"说完这句话，林语堂就结束了自己的演讲，大家先是一愣，随即报以热烈的掌声；有一回，在巴西某知名企业主办的演讲上，有听众递条子问林语堂"您认为，世界大同的理想生活是什么？"林语堂不假思索，脱口而出"我认为，世界大同的理想生活，就是住在英国的乡村，屋子里安装着美国的水电煤气等管子，有个中国厨子，娶个日本太太，再找个法国情人。"林语堂曾经应美国哥伦比亚大学的邀请，讲授"中国文化"课程。他在课堂上对美国的青年学生大谈中国文化的好处，好像无论是衣食住行还是人生哲学都是中国的好。学生们既觉得耳目一新，又觉得不以为然。有一位女学生见林语堂滔滔不绝地赞美中国，实在忍不住了，她举手发言，问："林博士，您好像是说，什么东西都是你们中国的最好，难道我们美国没有一样东西比得上中国吗？"林语堂略一沉吟，乐呵呵地回答说："有的，你们美国的抽水马桶要比中国的好。"这是林语堂作为幽默大师的注脚。

林语堂赢得了幽默大师的美名，但不是所有的都是掌声，当时有不少人批评林语堂，其中包括鲁迅。鲁迅直面惨淡的人生，把文学当作"匕首"和"投枪"，刺向敌人。林语堂则是借助幽默，表现性灵闲适，曲折地表示自己的不满，认为："愈是空泛的，笼统的社会讽刺及人生讽刺，其情调自然愈深远，而愈近于幽默本色。"林语堂坚持的是"人生要快乐"，声称"欲据牛角尖负隅以终身"，鲁迅秉持的是"一生都不宽恕"，认为在生死斗争之中，是没有幽默可言的，"只要我活着，就要拿起笔，去回敬他们的手枪。"鲁迅认为对林语堂"以我的微力，是拉他不来的"，开始对林语堂进行批判，先后写了《骂杀和捧杀》、《读书忌》、《病后杂谈》、《论俗人应避雅人》、《隐士》等，而林语堂则写了《作文与作人》、《我不敢再游杭》、《今文八弊》等文章来回敬，字里行间的锋芒颇有江湖的刀光剑影。鲁迅和林语堂，相得者两次，相离者两次，最后直到鲁迅去世，他们之间没有和解。他们之间的相离不是全部因为幽默，但其中的成分确实存在。因为先行，所以寂寞，这一笔无法抹去。

不仅仅因为幽默，林语堂倡导"以自我为中心，以闲适为格调"的小品文，当时争议也不小，骂声绝不缺乏，林语堂说"我的文章是给数十年后的人看的"，今天的现实印证了林语堂当年的说法，可是，时光回到当年，林语堂的寂寞和无奈在话语中明显存在。当年的林语堂，底气未必那么充足，也许可以解释为自我辩白的一种方式而已。

为文有颇多寂寞，办事也是如此。当林语堂从南洋大学落寞离开的时候，他想办一所先进大学的理念和学校董事会之间的矛盾，当他从厦门大学离开的时候，他和理科主任刘树杞之间的纷争，这些都有一些无奈，也有一些寂寞。林语堂的笑容里，就不再全部是纯粹的灿烂，而是在笑容之内有了那么一些苦涩和艰辛，以及无奈。"古来圣贤皆寂寞"未必准确，但从古到今，先行者总是孤独、寂寞却是不争的事实。即使闹哄哄的马拉松比赛，能跑在最前面那几个，也是孤独。在武术高手中，武功达到登峰造极者，他们的寂寞比得意更多，独孤求败是多么无奈的事实，但必须承受。

寂寞的林语堂，承受的孤独，或许只能默默揣摩。毕竟，即使善良如廖翠凤，许多林语堂的内心不是她能够理解的。凭借着林语堂去看火山，廖翠凤不赞同，林语堂正得意住在一个充满文化气息的地方，廖翠凤却嫌买菜不方便。某种意义上，廖翠凤偶尔也给林语堂寂寞之感。那么，有些寂寞只能自己承受，正如古诗词所言"便纵有千种风情，更与何人说。"

幸福的林语堂

> 人生幸福，无非四件事：一是睡在自家床上；二是吃父母做的饭菜；三是听爱人讲情话；四是跟孩子做游戏。
>
> ——林语堂

林语堂的幸福观，广为人知，简短的四句话，把幸福诠释得酣畅淋漓。

睡在自家的床上，有着特别的放松。时常有人在出门的时候，睡不着觉，环境改变好像是理由之一，其实，说到底，还是缺乏安全感，并非不习惯。所有的不习惯其实就是一种担忧，一种无法放松，心中有事，自然睡不着。林语堂是个讲究的人，他对躺在床上有诸多描述。他曾经郑重其事地说"据我看来世界上最重要的发现，无论在科学方面或哲学方面，十分之九是科学家或哲学家，在上午两点钟或五点钟盘身躺在床上时所得到的。"他还颇有讲究地说"我相信人生一种最大的乐趣是卷起腿卧在床上。为达到最高度的审美乐趣和智力水准起见。手臂的位置也须讲究。我看信最佳的姿势不是全身躺直在床上，而是用软绵绵的大枕头垫高，使身体与床铺成三十度角，而把一手或两手放在头后。在这种姿势之下，诗人写得出不朽的诗歌，哲学家可以想出惊天动地的思想，科学家可以完成计划时代的发现。"如此讲究之人，如果是躺在自己家的床上，惬意自然而然。

　　吃父母做的饭菜，无论好吃与否，都是一种幸福。有父母做饭菜，家庭之乐立刻呈现。林语堂对童年记忆深刻，乐观的父亲，善良的母亲，他都有许多感悟。从另外一个角度，林语堂从十岁就离开父母到厦门读书，自然很难吃到父母做的饭菜。童年的温馨和后来的缺乏，两种情形之下，林语堂对父母做的饭菜自然更是向往。而且，父母在，自己就永远是个孩子，永远可以撒娇，可以挑三拣四，唯有父母是永远宽容的。当林语堂娶了廖翠凤之后，廖翠凤把林语堂像孩子一样哄着，照顾着。这对于林语堂来说，是某种意义上的恋母情结，让林语堂享受到了充分的温馨。

　　听爱人讲情话，这对于林语堂来说，是一种幸福。林语堂和廖翠凤是否情话绵绵，好像没有太多的痕迹。但廖翠凤哄着，催着林语堂去理发，去换衣服，这样的柔情经常出现。什么情话最为暖心，只有当事人自己知道。也许对于林语堂来说，廖翠凤的哄着就是很受用的情话，包括廖翠凤允许他在床上抽烟，他认为也是婚姻没有问题的标志之一。林语堂有关婚姻的一句话颇为经典，那就是"爱情是点心，婚姻是饭，没有人为了吃点心而不吃饭。"简单的一句话，把婚姻和爱情说得非常透彻，同时，婚姻和爱情并不是完全对立的，什么样的婚姻合适，是幸福的，让自己的内心说话。林语堂认为廖翠凤好，那就是好了。至于他人，两个人的卿卿我我，就是幸福人生，林语堂未必是这样的生活，但并不妨碍他想象这种生活。

至于和孩子做游戏，林语堂那可是炉火纯青。他和自己三个女儿之间的游戏，让他享受了父女之间的天伦之乐。他带着最小的女儿林相如去买鸟，带着女儿去看电影，和女儿们一起唱歌等等，莫不是家庭的温馨。尤其是和女儿林太乙的两个孩子之间，他更是体会到幸福的真谛。他把自己的照片和两个孩子的照片贴在一起，说是三个孩子；他和两个孩子在廖翠凤出门买菜回家前夕，躲起来，看谁先被发现，然后又扑出来，扑到廖翠凤身上，乐滋滋的；他把用来做钓鱼诱饵用的苍蝇用蜡笔在翅膀上涂上颜色，说让苍蝇死得不会那么痛苦；他和孩子一起，把蜡烛油滴到桌上，制造出各种不同的造型。所有这些，在童心弥漫的时刻，幸福的感觉也四处流淌。

在林语堂的笔下，幸福的事情没有涉及大富大贵或者大吃大喝，也没有什么形象高大或者英俊潇洒，没有玫瑰洋酒，没有声名远扬，没有汽车别墅，物质的东西退隐到很远的距离之外。在他的心目中，幸福就是一种感觉，就是一种温暖，而这种感觉和家庭紧密相连，家庭温馨，家庭欢乐，幸福自然存在。正因为林语堂感受到幸福的真谛，所以他享受到了幸福。林语堂可以很有底气地说，其实幸福很简单，但有些人就未必能如此。

悠闲林语堂

　　享受悠闲生活当然比享受奢侈生活便宜得多。要享受悠闲的生活只要一种艺术家的性情，在一种全然悠闲的情绪中，去消遣一个闲暇无事的下午。

——《生活的艺术》

　　对于林语堂来说，享受悠闲是他人生的一大乐事，也正因为如此，他才会被贴上闲适、平和的标签，这不仅仅是他的创作风格，也是他的人生修养。

　　林语堂会享受悠闲生活，从他喜欢钓鱼、喜欢散步、喜欢音乐、喜欢美食等等就可以看出来，多种情怀孕育和滋润了林语堂。

　　林语堂喜欢钓鱼，当年林语堂家门口的花山溪，给林语堂留下了许多欢乐，他在这条河里捕鱼、抓虾，还在河边做游戏，以致有了"吾少居田野，认为赤足走山坡，入涧掏小虾，乃人生最满意的一刹那。"而等他成人之后，以海钓、湖钓，动辄出海或者雇船等等的钓鱼为乐。"人生何事不钓鱼，在我是一种不可思议之谜。"林语堂在《谈海外钓鱼之乐》中把自己对钓鱼的观念进行了淋漓尽致地表述，钓鱼对于林语堂来说，已经被捧上了一个高度，这样的高度随时可见，并没有犹抱琵琶半遮面的羞答答，而是理直气壮地公之于众。这或许是林语堂喜欢享受生活、享受大自然的心性使然。

除了钓鱼，林语堂还喜欢音乐。在林太乙的笔下，林语堂的钢琴弹得很好，只是记不住曲谱而已。"父亲还有收集留声机片的嗜好。倘若他爱好的音乐，他喜欢听了又听。现在他有了一百八十张唱片，当我们每天晚饭以后，他就坐在火炉前面，静心享受好的音乐片子，并且，熄灭了房子里所有的灯光，仅仅留着火炉中荧荧的柴火。"简单的几句话，写出了林语堂沉浸音乐世界的情形，他不仅仅是简单地制造音响，而是让自己融进音乐的世界，在音乐中让心灵起舞，决不是在音乐的外围徘徊。为了听音乐，不是教徒的林语堂却能走进教堂，让音乐愉悦自己的耳朵。音乐是林语堂的嗜好之一，这样的嗜好不仅在于品位和高雅，更是林语堂的闲适和享受。

林语堂还喜欢散步。经常散步的林语堂不仅仅是一种身体的锻炼，其实也是享受一种悠闲。林语堂特别爱在乡村中散步。当某一个清新的早晨，或者，在新鲜的空气中，悄悄地徘徊，或者穿上不透水的雨衣在细雨中缓缓散步，或者衔着烟斗在林中彷徨。这时候的林语堂，散步不是锻炼身体，而是为了和大自然对话，为了让思想自由行走。他在浑然忘我的境界中让自由的思想随意飘荡或者停歇，接受大自然的密码一般，融入了那种有点漂浮有点迷幻或者沉静的境界。身心在此时完全得到一种自由和放松，随便放眼过去，都是风景，都是快乐的情怀，可以让人想呼吸一口气或者随意哼唱一点什么。林语堂把在田间漫步视同到远处旅行。从景物中跃到虚无，又从虚无中跃到景物，大有"见山是山，见水是水；见山不是山，见水不是水；见山还是山，见水还是水。"的意味，脱离不了那禅的气息。林语堂喜欢散步，喜欢没有目的悠闲地行走，这样的行走某种意义上和到远处旅行如出一辙，也就是风景在心。

林语堂喜欢美食，他把追求美食当成人生的乐事，会为了吃个喜欢的美食而特意租汽车前往，为了吃上家乡的萝卜糕而上街转悠，为了享受美食的味道而不顾形象，只是最大限度地让味蕾舒服欢畅；他喜欢喝茶，留下了"三泡说""只要有一把茶壶，中国人到哪儿都是快乐的"等喝茶佳话；他喜欢抽烟，于是有了追求抽烟的故事，有了为戒烟而后悔，有了收藏烟斗的嗜好，有了"饭后一根烟，快活赛神仙"的名言。林语堂确实是享受生活的高手，他享受悠闲生活的方法层出不穷，其实，正如生活中并不缺少美一样，生活中的悠闲更是无处不在，只要愿意，总可以享受得到。正如林语堂所言，只要拥有那种性情，悠闲就时刻环绕身边。很多人说乐，很多人疲于奔命，很多人把生活过得毛糙、疲劳、匆忙等等诸多不堪，关键就在于自己内心没有一个清晰的路径，缺乏一种情怀。说到底，累是自己找的，快乐和悠闲也是自己找的，关键在于自己，在于内心。

过客林语堂

我们对于人生可以抱着比较轻快随便的态度：我们不是这个尘世的永久房客，而是过路的旅客。

——《生活的艺术》

林语堂很清楚，自己就是这尘世的一个过客。他明白，即使声名再盛，也都会成为一种远去的风景，成为一个故事。

正因为如此清醒，所以林语堂在年老的时候，会在一个卖珍珠的柜台，捧着美丽的珍珠，痛哭失声。他的痛哭，是因为对生活的热爱和依恋，也是对美好生活即将失去的忧伤，因此他的女儿林太乙才会面对惊讶甚至是不可理喻的服务员而愤怒。

林语堂喜欢字典，他有着浓郁的字典情结，他主编了《当代汉英词典》，其实他还有个梦想，就是编写一本中文字典。在 20 世纪

30 年代，他就做过这件事，他把部分编写的中文字典稿件托付给弟弟林幽，但这些草稿后来毁于颠沛流离的战争时代。《当代汉英词典》编写完成的时候，林语堂再次萌生了编写中文词典的想法，不过，那时候，林语堂的身体已经不允许了。在他编《当代汉英词典》的时候，已经有了轻微中风的事情，林语堂没有再坚持，他不像当年发明中文打字机一样义无反顾，而是及时踩了刹车。他觉得，这时候任何事情，都没有稳定的血压重要。这是林语堂的豁达，也是林语堂的智慧，更可以说是林语堂的负责任。

林语堂的及时停顿，让我们看到了林语堂对生命本质的清醒认识，他没有拧着自己的生命，不管不顾，而是顺应自己的人生。这也是他看到自己是命运过客的本质，没有妄想能够改变一种事实，因此，他以比较轻快随便的态度来对待。我很想拍案，聪明的林语堂，他的一个选择，让我看到他的云淡风轻。这样的云淡风轻，也是人生的一种删繁就简。林语堂把许多外在的东西舍弃了，生活变得简单。正如盛名不如血压稳定一样，他以吃到儿时记忆的花生汤，听到熟悉的闽南话为乐。他去香港，女儿陪他去看山，他却不满意，而是以"有山有水有农家生活"的坂仔青山为高。他认为纽约的大道不如家乡平和崎岖的山路"过瘾"。诸如此类，林语堂的豁达就像他用一个长长的木柄勺子，刮去了浮在表面的泡沫，显露出水的清澈；也像一个盛装之人，把许多搭配的服饰一件一件去掉，最后留下的是朴素的真容。没有多少人意识到身外之物之累，即使有些人意识到了，也仅仅是谈谈而已，对于这些生命的装饰被去掉，他们或者号啕，或者心伤，或者不甘，或者郁闷，更别说自己去掉，而且以此为乐。

正因为如此，我们可以回头看看林语堂的人生。其实在还没到年老的时候，林语堂就有意识地去掉一些东西，比如他的几次辞职，比如他不太喜欢到热闹的地方演讲。这对于一个人来说，至关重要。或者说，一个人，只有意识到自己想要什么，才能让自己的人生不会有太多的负累。

林语堂在自己女儿小的时候，带着她们去赴宴，他不会觉得这个有什么不妥，他觉得家庭之乐就是重要的，其他诸如是否适合自己形象的想法就没有了。他曾经记错了美国总统亲戚邀请赴宴的日期，而提前一个星期赴宴，最后居然在简单地吃了一餐后，第二星期再次正式接受宴请。当他带着女儿去外面吃饭的时候，面对当时有"叫条子"的习惯，也就是在舞女名单上画记号，被画记号的舞女就会上来陪酒，林语堂居然同意自己女儿"叫条子"，等舞女上来之后，他的女儿哈哈大乐，说"你们是我叫来的"。这些在别人眼中或许是荒唐，或许是丢脸的行为，林语堂居然无所谓，甚至觉得是人生的趣事之一。林语堂之所以会如此，就是他懂得，什么是必须坚持的，什么是可以不拘一格的。他的内心其实非常通透，那就是自己只是过客，可以随意轻快。把许多负担消减之后，行为自然就有了别样的韵味和风采。林语堂的人生，可以慢慢咀嚼，味道良多。他云淡风轻的身影，类似于侠客，或者武林高手，能让人仰慕，然后，一声赞叹。

缺憾的林语堂

不足让我感到羞耻。

——《林语堂语录》

林语堂的人生并非是满杯的水，而是有缺憾的。林语堂最初的缺憾，也许是对中国传统文化了解的缺失，这份缺失开始于厦门寻源书院。1908 年，林语堂进入相当于中学的寻源书院就读，直到 1912 年，离开鼓浪屿，就读于上海圣约翰大学。四年的寻源书院就读时光，是林语堂生命中十分重要的一段，无法割舍，也无法被忽略。

林语堂对寻源书院的感情，可以说比较复杂，甚至说如林语堂自己谈及的人生，属于一团矛盾。林语堂对于寻源书院的课程，既不喜爱，也不厌恶。因为林语堂觉得寻源中学的课程"太容易，太简单了。"他轻松地就获得了第二名，从不为考试或者成绩发愁。他曾经觉得，在寻源书院的"中等教育是完全浪费时间。学校连个图书馆也没有。"没有图书馆，导致林语堂丧失从别的途径学习知识的可能，让他被局限在"太容易，太简单了"的课程。从这个意义上说，林语堂对寻源书院有点不以为然。但是，换个角度，寻源书院对林语堂有恩，"我在厦门寻源书院所受的中学教育是免费的；照我所知，在那里历年的膳费也是免缴的。我欠教会学校一笔债。"当时的情形，林语堂仅仅是一个乡村穷牧师的孩子，兄弟姐妹众多，学校离家又远，如果不是"免费"，林语堂或许就只能在坂仔读书，或者不是教会的铭新小学，林语堂就只能读读私塾，也许他的人生之路就完全不同，甚至就终止在一个比较小的区域，无法走得太远，因此林语堂不无感激地说，是寻源书院"他们究竟给我一个出身的机会"，这样的机会太重要。似乎林语堂要改变不以为然为感激之情溢于言表了。但是林语堂的情感这时候又来个转向，并没有感激涕零不知所言，而是觉得教会也欠了他林语堂一笔债，这债是传统文化的缺失，是"不准我看中国戏剧。"在厦门的寻源书院和非基督教学校之间的差别，就是非基督教学校看日报，而林语堂的学校不看。这样的限制，以致林语堂在二十岁之前知道古犹太国约书亚将军吹倒耶利哥城的故事，可是直至三十多岁才知道孟姜女哭倒长城的传说。让林语堂早就知道耶和华令太阳停住以使约书亚杀完迦南人，可是却不知道后羿射日射掉十个太阳中的九个，而且后羿的妻子嫦娥奔月成为月神，以及女娲炼石补天，其中的三百六十五块石补天，剩下的那第三百六十六块石便成为《红楼梦》中的主人公贾宝玉等等的故事。也就是说，林语堂在寻源书院接受的教育，让他打开了了解西方文化的一扇门，可是对于中国传统文化来说，连一扇窗也关闭了，以致林语堂对许多传统文化一无所知，甚至连"站在戏台下或听盲人唱梁山伯祝英台恋爱故事，乃是一种罪孽。"难怪林语堂难掩心中埋怨，认为教会也欠了他一笔债，剥夺了他获知中国神话传说的机会。这互相欠债，让林语堂觉得教会给他的恩惠可以不用说出来了，而是你欠我，我欠你，大可以互相扯平，互不相欠地两清了，某种意义上说，林语堂认为他和寻源书院属于无爱无恨的状态。

不过，许多东西无法如此水过无痕。林语堂又认为，教会对于让他在传统文化的封闭和缺失，乃至他刚参加工作时候的不好意思，这笔债毕竟不算大，于是他奋勇直追，正图补救，毕竟他"大有时间以补足所失"，后来从许多书籍上零零碎碎知道了，只是遗憾这些传说"而非由童年时从盲人歌唱或戏台表演而得的。"相对于遗憾，教会给了他出身的机会，毕竟更为重要。在厦门教会学校就读让林语堂和西洋生活有了初次的接触，给他留下许多的记忆。林语堂记得传教士和战舰。记得随街狂歌乱叫的醉酒水手，记得可随意脚踢或拳打赤脚顽童外国商人，也记得由穴隙窥看的俱乐部里半裸体的舞会等等，这些让小孩子害怕和避而远之。他还记得传教士白衣的清洁无瑕和洗熨干净，记得绿草如茵的运动场，记得 1950 年美国海军在厦门操演的战舰之美丽和雄伟以及铜乐队的悦耳动听。畏惧和羡慕互相交织，让幼小的林语堂心灵有着令人胶着的矛盾。

寻源书院，给林语堂留下的记忆就是如此一言难尽。

林语堂的金钱观

金钱藏在我们自己的口袋里，而不去帮助别人，那钱又有什么用处呢？金钱必须要用得有价值，又能帮助别人。

——《吾家》

林语堂曾经穷过，他是个穷牧师的孩子。他曾为了 100 块银元的缺口，差点上不了上海圣约翰大学。想象一下，如果不是他的父亲林至诚曾经送过一顶帽子给陈子达，而陈子达在林语堂开学前一周送来了 100 块银元，也许世间不会出现林语堂。林语堂也曾经为多一个铜板祷告过上帝，为了自己穷，而成为和陈锦端的热恋无疾而终。为了穷，在美国留学的时候，一周吃一罐麦片，为了发明中文打字机而倾家荡产。

但是，林语堂也曾经富有过。他在上海编写《开明英文读本》等，成为赫赫有名的版税大王，拿了数十万元的版税，而当时的上海，几千块钱就可以买个四合院，何况，林语堂还有工资、稿费、办刊物的收益等等。在他的文章中，可以看到他年收入数万美元的记录，在 1938 年，16000 美元可以换成 10 万元的银元。说林语堂是富豪，丝毫也不为过，他在上海的时候，住在忆定盘路，家里雇着五六个用人，单单院子里的白杨树，就有 40 多棵。

林语堂在金钱方面曾经被人诟病过的，一个就是林语堂在南洋大学任校长失败，林语堂拿了遣散费。林语堂当南洋大学校长的经历，一言难尽，但他拿遣散费，同样无可厚非。他只是在履行合同，至于他没有拒绝或者拿了钱之后马上捐出去，那是其他人的期待，我们不能用自己的行为准则来要求别人一定得怎么做。另一个就是1936 年他离开上海前往美国写作的时候，他的兄弟向他要了几件家具，也要照样付钱。我想，这应该是误解林语堂了，曾看过一个文章，说林语堂当时是他家具整体打包卖给了某个搬家公司之类，既然如此，要从中再拿几件出来，当然得付钱了，这时候，这些家具已经不是林语堂的了。这应该是比较准确的说法。

林语堂有钱，但林语堂并非一个守财奴。他在该花的钱，一定也不吝啬。林语堂的大姐夫去世了，留下大姐林瑞珠和八个孩子，大哥也去世了，留下孤儿寡母，二哥林玉霖失业，有七个孩子，三个处于半失业状态，三嫂也体弱多病，这些，都要靠林语堂接济。

而且在林太乙的文章里，她曾经说过，林语堂的想法是每房至少培养一个人有出息，这些是不小的开支。林语堂的兄弟姐妹这边是这种状况，而夫人廖翠凤的娘家也不省心，廖翠凤的父亲廖悦发是银行家，但在1935年，廖翠凤的大哥吸鸦片死了，留下的20多口人都没有工作，早年的一点积蓄，已经坐吃山空，林语堂无法坐视不管。

不仅仅是家人，在抗日战争时期，林语堂用实际行动支持抗战。在"有钱出钱，有力出力"的号召下，1938年，林语堂分别用16000美元买了10万银元，23000美元兑换13万银元，存入中国银行。这其中，尽管有为三个女儿留下成人礼的成分，但也蕴含着林语堂对中国必胜的信心，虽然战后这笔存款遭遇了6万多倍的通货膨胀，成为一堆废纸，不过林语堂当时的行动可谓大手笔。林语堂对于抗战的直接经济支持，是捐赠4320法郎，承担了抚养4男2女6个中国孤儿的义务。1940年，林语堂首次回到抗战中的祖国，离开重庆赴美前夕，为表示对抗战的支持，将重庆北碚蔡锷路24号"天生新村"那套四室一厅的住房连同家具捐赠给中华全国文艺界抗敌协会使用，林语堂为此还写了一封信。时任"文协"总务部主任老舍接收了信和房子。如今，在重庆北碚的老舍故居，就是因为老舍长时间住过林语堂捐献的房子而存在。1943年，林语堂第二次回国在西安期间，还在西安一家孤儿院认养12岁的孤儿金玉华为养女，先供她上学，等战后再接她去美国。1945 年，林语堂兑现承诺，把金玉华接到美国，虽然因为夫人廖翠凤和金玉华哥哥的反对以及金玉华本身有心脏病，金玉华只是在美国短暂居住就回国了，但相信大家可以看到热心肠的林语堂俯下身子和金玉华交流的情形。

林语堂看重钱，会赚钱，取之有道，用之有道。他教育女儿："金钱藏在我们自己的口袋里，而不去帮助别人，那钱有什么用处呢？金钱必须要用得有价值，又能帮助别人。

这就是林语堂的金钱观，其实很简单。

通人林语堂

如果我自己可以自选做世界上作家之一的话，我颇愿做个安徒生。能够写女人鱼（The Mermaid）的故事，想着那女人鱼的思想，渴望着到了长大的时候到水面上来，那真是人类所感到的最深沉最美妙的快乐了。

——《生活的艺术》

这句话，讲的是林语堂想做自己，想自由的选择，其实，在林语堂的一生之中，他这样的选择已经达到目的了。因为喜欢做自己，因为喜欢自由，他已经达到一个通人的境界。

通人不是林语堂给自己贴的标签。在林语堂去世之后，华盛顿大学教授吴讷孙说，"林语堂是一位伟大的语言学家、优良的学者、富于创造力和想象力的作家。不宁唯是，他是一位通人，择善固执，终于成为盖世的天才。要说哪一项造诣是他最大的成就，就已经错了。

他向西方和中国人证明，一个人可以超越专家这个称谓的局限而成为一个通才。"

这应该是对林语堂极高的评价。正如《圣路易邮报》在 1976 年 4 月 2 日的"特写"中写到的一样"林语堂不止是某一门类的重要人物。他在许多方面都获得优越的成就，实在无法一一罗列。"林语堂的成就，以致在他去世之后，使写讣告的报人极感困扰，因为他们无法对林语堂进行界定是哪一方面的专家。

林语堂的成就，在文学方面，60 本书，八部长篇小说，一千篇左右的散文，这样的成就自然是沉甸甸的，诠释了什么叫"著作等身"。而且《吾国与吾民》、《生活的艺术》等高居畅销书榜首，《京华烟云》作为以抗日战争为题材的长篇小说一直获得颇多赞誉。《苏东坡传》写活了林语堂心目中的理想人物苏东坡，让人感慨林语堂既是写苏东坡，也是写他自己。

林语堂是为数不多的用娴熟的英文写作的作家之一，那句"两脚踏东西文化，一心评宇宙文章"是他最好的注解，似乎可以看到，林语堂乐此不疲地向西方介绍东方文化，向东方介绍西方文化，从这个角度，林语堂是以桥梁的形式存在。在他众多的翻译文章之中，我们看到林语堂东方智者的形象。1989 年 2 月 2 日，当时的美国总统布什对国会两院联席会演讲的时候说到"林语堂讲的是数十年前中国的情形，但他的话今天对我们每一个美国人都仍受用。"时间冲刷，林语堂仍能得到如此的赞誉，从一个角度印证了林语堂思想的光芒。

　　林语堂创办杂志、编书的成就不可忽略。20 世纪 30 年代，林语堂创办了《论语》、《人间世》、《宇宙风》，这些都是当时受欢迎的杂志。当时创办杂志可是全凭读者个人喜好订阅购买，能够存活已属不易，更何况还要受欢迎。至于《开明英文读本》更是风靡全国，为学校统一使用，促使林语堂赢得"版税大王"的称号，也让林语堂有了舒服的物质基础。1967 年开始编写的《当代汉英词典》，历时五年，1972 年出版后。这是林语堂的巅峰之作之一，时至今日，还被称道为当代学者编就的最为完美的词典。

　　林语堂发明中文打字机。从小时候对机器的着迷，当他从故乡平和出发，对着石码的蒸汽轮船上的发动机发呆的时候，他没有想到最后会因为发明中文打字机让自己历经磨难，也让这段经历成为他人生无法绕过的一个坎。1931 年借赴瑞典开会之机，林语堂绕道英国，在那里待了几个月，发明打字机，最后无果而返。1946 年，林语堂再次启动中文打字机的研发，在花费了他 10 多万美元，让林语堂倾家荡产之后，1947 年 5 月 22 日，中文打字机终于研发成功，林语堂说这是自己"送给中国人的礼物。"中文打字机发明之前,林语堂就发明了"上下形检字法"、键盘等等,这在电脑还没发明的年代,是很了不起的成就。

　　林语堂在语言学方面的成就几乎被他其他方面的成就给掩盖了。1917 年,他在《新青年》发表了第一篇用中文发表的文章《汉字索引制说明》。这篇中文文章还是语言学的文章,得到当时的北大校长蔡元培和钱玄同两位的赞赏,他们两个人为此文章作序。文章发表后,引起了全国的注意,引发了部首改变运动。第二年,林语堂的论文《分类成语辞书编纂法》在《清华学报》发表,1919 年,林语堂被聘为"国语统一筹备会"会员,当时这会员全国共有 38 名,其他人士有蔡元培、沈兼士、许地山等人。林语堂还发表过《闽粤方言之来源》,出版过《语言学论丛》,里面收入林语堂有关语言学的论文 32 篇。如果不是林语堂,有这样的成就,也是颇可以怡然自得。

　　林语堂还倡导幽默,首次引进了"幽默"这个词,被誉为幽默大师。倡导"以自我为中心,以闲适为格调"的小品文。国际笔会副会长、三次诺贝尔文学奖提名者等等就如舞台演出的追光灯,因为林语堂的成就而罩在他的头上。当年书评家(Peter Precott)在读完林语堂《生活的艺术》时称:"读完这书后,我真想跑到唐人街,一遇见中国人，便向他行个鞠躬礼。"这是一种发自内心的尊重，而我在回想林语堂的时候，脑中也一直回荡着"通人"这两个字，林语堂称得上这两个字。分量沉甸甸的，无法向林语堂鞠躬，那就出发去林语堂故居，看看孕育了林语堂的这方山水。

冒险林语堂

知识的追求终究是和探索一个新大陆一样，或如佛朗士（Anatole France）所说"灵魂的冒险"一样。如果一个虚怀若谷的，好问的，好奇的，冒险的心智始终保持着探索的精神，那么，知识的追求就会成为欢乐的事情，而不会变成痛苦的工作。

——《林语堂文集》

林语堂这句话，讲的是追求知识，但又不仅仅是个知识追求的过程。

仔细一考虑，林语堂天生有冒险精神。

1905 年，当时的平和坂仔到厦门，只有水路，而且土路遥远，但仅仅十岁的林语堂，就从平和坂仔出发，到厦门鼓浪屿读书。这应该算是很具超前意识和冒险精神的，尽管当时到厦门读书，应该是林语堂的父亲林至诚作出的决定，但林语堂是当事人，如果他一直退缩不前，或许这样的决定最后就会无疾而终。从这个意义上，林语堂是这个冒险行动的执行者，是共同的完成人。想象一下，如果当年林语堂没有走出平和，没有到厦门鼓浪屿读书，会是怎样的情形？有些事情无法想象，我们能说的，就是林语堂的勇气可嘉，他还把孤寂的航程看成毕生难忘。

林语堂的冒险精神，到了他选择出国留学就是他的自主行动了。在清华大学任教三年之后，林语堂获得了半额的官费留学奖学金，林语堂就此出发了。在船上，廖翠凤的盲肠炎发作，在选择是到夏威夷上岸治疗还是继续前行，林语堂和廖翠凤再次冒险，在症状减轻的情况下，他们选择了前行，一直到了美国。到了美国不久，廖翠凤的盲肠炎再次发作，只好住院治疗，先后两次手术，廖翠凤娘家给的一千元嫁妆花光了，廖翠凤只好向娘家求助。

林语堂在美国哈佛大学学习不久，半额的官费留学奖学金被取消了，林语堂陷入两难的境地，胡适伸出援手，借给了林语堂一千美元。林语堂在哈佛大学读了一年，就因为经济能力，只好向基督教青年会申请到法国为华工服务，编识字课本。林语堂边工作边学习，最后在 1922 年获得哈佛大学硕士学位。如果说当时林语堂陷入困境的时候选择坚持，那么这时候应该选择回国了吧，毕竟林语堂的经济能力有限，但是林语堂还是选择了继续。林语堂选择到德国莱比锡攻读博士学位，这绝对称得上林语堂的冒险精神在起作用，他再次向胡适求助，胡适也再伸援手，借给他一千美元。

林语堂似乎忘了在法国的时候，廖翠凤在战场上走来走去，为的是看能否捡到一双长靴子给林语堂穿，这样的困窘林语堂依然坚持。到了德国学习，为了维持生活，廖翠凤不得不变卖首饰，这些首饰是出嫁的时候，廖翠凤的母亲给女儿的陪嫁。

在德国学习的时候，结婚多年不孕的廖翠凤终于怀孕了，这让林语堂夫妇欣喜若狂，不过限于经济能力，他们决定回国分娩。这时候，林语堂的冒险精神又来了，他们预订了回国的船票，不过这船票是订在林语堂博士论文口试的当天晚上。如果口试不过关需要补考，不知道林语堂应该如何解决，但林语堂就是有这样的冒险精神和信心。口试那天，他白天从一个教授室跑到另一个教授室，当十一点钟口试完毕的时候，他跑回家，告诉等在门口的廖翠凤，他已经顺利过关，他们在大街上拥吻，双双去餐厅吃午饭。当天晚上，他们启程回国。

林语堂另外一个冒险，是他研发中文打字机。林语堂从年轻的时候，就对科技发明有兴趣，当他从平和前往厦门鼓浪屿读书的时候，就在从石码到厦门的蒸汽小轮船上，为发动机着迷。1931 年，他借到瑞士参加会议的时机，跑到英国研究中文打字机，好几个月才回国。1946 年，林语堂有了 10 万美元的积蓄，他又启动中文打字机的研发，但这次，他冒险的行为大了，他花光了积蓄，最后为此倾家荡产，以致需要借债度日。在他的坚持下，中文打字机研发成功，但林语堂也为此冒险行为付出许多，包括因此和多年好友赛珍珠反目成仇。

林语堂的冒险精神还有，包括他年事已高的时候还接受香港中文大学聘请，编写《当代汉英词典》，以及喜欢到海边钓鱼等等。因为冒险，让林语堂的人生多了许多乐趣，也多了许多他或者周边人之前不敢想象的成就，这就是林语堂，一个从平和坂仔成长的山乡孩子，质朴之外的冒险精神，选定目标之后的坚持不懈。

现实的林语堂

"如果你是男人的话，应该有一份足供家人温饱的正当职业；如果你是女人的话，你所选择的对象，更应该注意这个问题，爱情虽可贵，仍须建基于'物质'之上，否则，其危险就如沙漠中的大厦，倾倒在旦夕 。"

——《结婚：人生最重要的一步》

在众人的心目中，林语堂是闲适、平和、幽默、快乐的人。即使他刚出道的时候，林语堂也是个拥有激情人生的热血青年，属于激进的一分子，说他现实，也许会有人反对，但我认为，林语堂浪漫也好，闲适也好，幽默也好，确实有他现实的一面，尤其是在他的婚姻方面。

众所周知，林语堂最爱的人是陈锦端，而最后和他结婚的是隔壁的廖翠凤，而且林语堂和廖翠凤把婚姻经营得非常成功，成为"爱情从结婚以后开始"的典范。在陈锦端之前，他还有个青梅竹马的赖柏英。

林语堂和赖柏英"爱得非常纯正"，当时林语堂要走出家乡平和外出求学，而赖柏英希望他留下来，尽管爱得纯正，但林语堂还是和赖柏英分手了，正如他说的，男人怎能为了爱情而牺牲对人生一切美好的追求呢？林语堂这时候活得很清醒，也很现实，那就是别让爱情成为桎梏。

如果说当时的赖柏英和林语堂的青梅竹马，更多的是青春期的懵懂和悸动，那林语堂和陈锦端那可是真正坠入爱河。林语堂找借口接触同学的妹妹陈锦端，谈得神采飞扬。但当陈锦端的父亲陈天恩一出手，林语堂就戛然刹车了。陈天恩作为厦门的有钱人，看不上林语堂这穷牧师的儿子，何况林语堂当时对基督教产生怀疑，而陈天恩是纯粹的基督教徒。现实的经济条件和精神上的信仰，让陈天恩决心要拆散林语堂和陈锦端。

陈天恩并没有简单地棒打鸳鸯，而是来个釜底抽薪，把隔壁银行家廖悦发的女儿廖翠凤介绍给林语堂。按道理，林语堂和陈锦端爱得轰轰烈烈，即使林语堂知道陈天恩反对，也得拿出"明知山有虎，偏向虎山行"的勇气，抗争一把，即使最后抗争没有效果，也得断然拒绝陈天恩的介绍，来个拂袖而去。我想，这样的结果可能更符合大家的普遍心理期待，但最后，发现错了。林语堂回到平和坂仔，情绪不好，等晚上姐姐和母亲提着灯去看他的时候，终于痛哭失声，哭得要瘫软在地，招来大姐瑞珠的一阵痛骂。但就是这么一骂，一哭，这段感情就结束了，让不少人大跌眼镜的是，林语堂接受了廖翠凤。以致时到今日，平和有个林语堂研究的爱好者飞和还在狠狠地说，林语堂没有真正爱过陈锦端，是只恋不爱。

我不否认林语堂爱过陈锦端，并且他爱得很深，到了他和廖翠凤结婚之后，他还念念不忘陈锦端，为她前来而感到不自然，画画就画同样的发式，只是因为陈锦端的发式就那样。正如林语堂的女儿林太乙所说的，在林语堂内心深处最柔软的地方，固定有锦端姨的一个位置。晚年的林语堂，还把没有再看到陈锦端列为人生的两大憾事之一。

既然林语堂如此深切地爱着陈锦端，那他为什么如此快地接受廖翠凤，而没有像有人期待的那样死去活来，一波三折？我觉得，那是林语堂的现实，甚至说是他的自卑导致他做了这样的选择。在《林语堂论人生》中有篇文章，叫做《人生最重要的一步》，林语堂谈到结婚是人生中最重要的一步，其中谈到择偶标准，他强调了五个要点，其中有几条内容可以折射出林语堂当年择偶时内心的标准和底线。"双方的教育程度要相等，男女差距太大，每为不睦的主因，尤其是女高于男其美满的可能性更是微乎其微"，这句我觉得是林语堂当年选择赖柏英的原因之一，尽管最后他比廖翠凤的教育程度也是要高许多，但毕竟廖翠凤是生活在厦门，而赖柏英是在偏僻的坂仔山村。

"经济能力最好相差无几，双方家境如果过于悬殊，往往会影响婚后的个人自尊心。""如果你是男人的话，应该有一份足供家人温饱的正当职业；如果你是女人的话，你所选择的对象，更应该注意这个问题，爱情虽可贵，仍须建基于'物质'之上，否则，其危险就如沙漠中的大厦，倾倒在旦夕 。"这两条，应该就是林语堂断了和陈锦端的念想，转而接受廖翠凤的原因。廖翠凤选择林语堂，虽然也有林语堂是穷牧师的儿子，她说出那句"没钱不要紧"的名言，但陈锦端家的距离更大。林语堂的姐姐林瑞珠在骂林语堂的时候，说林语堂是"癞蛤蟆想吃天鹅肉"，直斥林语堂如果娶了陈锦端要怎么供她、养她。或许这直接骂醒了林语堂，让林语堂从狂热的爱情中回到现实的地面，同时刺痛了他内心的自尊，让林语堂明白了，自己只是个山村的农家子，是个穷牧师的儿子。林语堂清楚了自己和陈锦端的距离，这样的距离不是走过去就能缩短的。自卑，还有基于现实的考虑，林语堂转向，接受了廖翠凤，而且在结婚之后，把婚姻经营得非常成功，这是林语堂作为一个农村孩子脚踏实地的作风和选择。平和坂仔的山村生活，不仅仅是让林语堂简朴、纯净，还让他习惯站在地上生活，而不是飘在空中。抓到手里的幸福才是真正的幸福，林语堂清楚这一点。

我们应该理解林语堂，当时，他这样的选择是现实的，也是理智的，还是聪明的。林语堂不仅仅是个闲适、平和的人，还是个内心通透的人，他的人生才是快乐的。

调皮捣蛋林语堂

"一个人在儿童时代的环境和思想，和他的一生有很大的关系。我对于家乡的环境所赋予我的一切，我都感到很满意。"

——《我的家乡》

100 多年前，在四面环山，被称为宝鼎的坂仔，林语堂绝对是个调皮捣蛋的家伙。那时候，林语堂还不到 10 岁，因为 10 岁之后，林语堂已经到厦门鼓浪屿读书了。尽管期间的假期，林语堂都是回到平和坂仔，但我宁愿相信，他调皮捣蛋的"事迹"是在他首次离开平和之前。

当时的坂仔，交通没有今天的发达，陆路不通公路，往来只有水路，依靠"五篷船"连接外面的世界。林语堂在坂仔这个相对闭塞安宁的地方，玩得兴致盎然，也玩出了调皮劲儿。他和姐姐要好，可是再要好也有矛盾的地方，毕竟是小孩子。和姐姐冲突之后，他居然就在泥地里打滚儿，把衣服弄脏之后，他得意扬扬地对姐姐说："你有衣服洗了"，因为姐姐是负责洗全家衣服的，就这么几个动作几句话，有点小聪明而又调皮的林语堂就向我们走来，从100多年前的那条土路。

因为调皮，林语堂受到惩罚，他被关在门外。也许这时候林语堂应该低眉顺眼，甚至装出个可怜或者后悔的架势，来博得大人的原谅，可是他居然把一块石头从窗户里丢进来，还带点挑衅的样子"你们不让和乐进来，石头代替和乐进来。"把人整得一点脾气没有。

林语堂的额头很大，从小时候就被人称为"大头"，不过林语堂不仅仅头大，胆子也大。"童年最早的记忆之一是从教会的屋顶滑下来。那间教会只有一个房子，而紧挨着一座两层楼的牧师住宅，因此站在牧师住宅的阳台上，可以透过教堂后面的一个小窗望下去，看见教堂内部。在教堂的屋顶与牧师住宅的桁桷之间，只有一个很窄的空间，小孩可以从这面的屋顶爬上去，挤过那个狭窄的空间，而从另一面滑下来。"教堂大部分已经拆除了，我们无从站在阳台上看到教堂的内部，不过林语堂出生的阁楼还在，从那屋顶滑下来，至少也有四五米高，那时候的林语堂，胆量不是一般的大，而是大得很。当然，林语堂的父母也容许林语堂如此调皮，不像如今的父母，只有几十厘米高，就怕孩子这样那样，给了孩子诸多的限制和种种的不许。

　　到了林语堂年老的时候，他曾经说过"一个人在儿童时代的环境和思想，和他的一生有很大的关系。我对于家乡的环境所赋予我的一切，我都感到很满意。"童年的自由给了林语堂无限拓展的空间，这种自由和不加限制让林语堂如一棵没有禁锢的小树，尽情生长。

　　还有林语堂去河边捉鱼抓虾做游戏，当时的林语堂，对这种农村孩子经历过的事情也都尽情体验，他当时就融进这种日子。大师并不是一开始就与众不同，大师与凡人的差别也许就是把相同的生活过出不同的味道而已。林语堂曾经和赖柏英比赛吐龙眼核，曾经和小伙伴比赛打水漂，还争强好胜地和一个落寞穷酸的秀才比赛撞钟击鼓。还有目光在龙眼树、荔枝树上的树梢"摸索"，相信如果有了发现，这"胜利果实"哪儿有幸免的理由，这些诸多种种，哪一件不是农村孩子曾经经历过？难怪林语堂有点儿得意地说自己是"村家子"，说自己是个农村孩子。在年老的时候，还十分感慨"在我一生，直迄今日，我从前所常见的青山和儿时常在那里捡拾石子的河边，种种意象仍然依附在我的脑中。"

　　还有林语堂和姐姐林美宫合伙编故事哄骗善良的母亲，即使到了厦门读书，回到家要么装过路的路人向"先生娘"讨水喝，然后猛地扑进母亲的怀里，要么在船上行的时候，离靠岸有点距离就下船，一路喊着"阿母"一路狂奔。

8 岁的时候，老师批林语堂的文章是"大蛇过田陌"。意思以为林语堂词不达意。而林语堂即刻对之："小蚓度沙漠。"如果不是调皮，即使有这样的才气，估计也仅仅是在内心嘀咕几句，或者事后惆怅一会儿，但调皮的林语堂不会吃亏，他当场就反驳了。这不仅仅因为是才气，还有他内心深处的调皮本性。

林语堂是调皮的，但他调皮得可爱，不会让人讨厌。这不仅仅是因为他后来成为大师，而是因为他的纯朴，纯朴的调皮会让人心生欢喜。童年的林语堂，内心没有阴影，他的人生基调自然就是快乐。

痴人林语堂

"一点痴性，人人都有，或痴于一个女人，或痴于太空学，或痴于钓鱼。痴表示对一件事的专一，痴使人废寝忘食。人必有痴，而后有成。"

——《人生不过如此》

从某种角度上看，林语堂就是痴人一个。

广为人知的，是林语堂对发明的"痴"。

林语堂喜欢科技发明的"怪念头"可谓常常有之，在他还是小孩子的时候，他就渴望能否发明一个吸管，把平和老家屋子后水井里的水吸上来，浇灌菜蔬。当这吸管没有发明的时候，他在老家厨房靠近水井的后墙上凿了一个水槽，水打上来倒进水槽，直接流到厨房里的水缸里，免去了提水绕行一周的辛苦。在轮船上，他对蒸汽机着迷，30 多岁时，林语堂仍然相信，"我将来最大的贡献还是在机械的发明一方面"。因为刷牙懒得挤牙膏，他设计发明了可以自动充填牙膏的自来牙刷。他还设计了自动门锁，自动发牌的桥牌机。 林语堂的"痴"催化他做出了一项重大贡献：发明并制造出一架中文打字机，采用他独创的检字法，使中文打字变得快捷易学。1985 年，台湾神通电脑公司用林语堂的检字法开发了一种中文输入法。其实，发明中文打字机一直是林语堂的梦想。在 20 世纪 30 年代，林语堂还没到美国的时候，就曾经利用出国的机会，到英国研究了好几个月的打字机发明，因为时间和财力等等的影响，这项发明的过程只好搁浅。一直到了 1944 年，林语堂因为有了 10 多万美元的积蓄，自认为有能力继续自己的发明了，马上启动发明中文打字机。为发明中文打字机，林语堂每天早早起床，坐在纽约住宅书房的皮椅上，绘制草图、排列汉字、修改键盘，抽着烟斗的林语堂"就像着了魔似的"疯狂地研制着中文打字机，以实现其"怀藏三十多年的梦想"。图纸设计完成后，林语堂亲自到纽约唐人街请人为中文打字机排字铸模，到纽约郊外找了一家小型机器制造厂为打字机特制零件，并专门聘请一名意大利籍工程师协助解决打字机机械运转方面尚存的问题。经过 3 年的刻苦研发，林语堂花光了 12 万美元积蓄，终于在 1947 年 5 月 22 日，成功研制出第一台"不学而能操作"的中文打字机样机，林语堂当年发明的中文打字机高 22.8 厘米、宽 35.5 厘米、深 45.7 厘米，备繁体汉字 7000 个；字模是铸在

6 根有 6 面的滚轴上，以 6、4 键取代了传统的庞大打字机字盘；依照"上下形检字法"设计键盘字码，每个汉字只需敲打 3 键，每分钟最快能打 50 字，直行书写，能拼印出九万个中国字，而且不须训练即能操作，十分轻巧简便。而在 1919 年，当时的商务印书馆制造了中国第一台中文打字机。这台打字机以康熙字典检字法分类排列，机上配备了一个容纳 2500 个印刷铅字的常用字盘，3040 个生僻字则按照使用的频率依序放置在备用字盘，需要时由打字员找出放置于打字机预留的空格处。早期的打字机庞大沉重繁杂，打字员须经过为期 3 个多月的针对性训练方能上岗。尽管林语堂的发明比中国第一台中文打字机迟了 20 多年，但他的轻便快捷提升的岂止是数十倍。

林语堂发明中文打字机，源于他发明上下行检字法的延伸。1916 年，林语堂从上海圣约翰大学毕业后到北京工作。在教会学校就读的林语堂英文很好，但是在中文方面欠缺不少，他甚至不知道"孟姜女哭倒长城"等事情，林语堂感觉很羞愧，于是恶补中文，在研究中文的时候，他发现康熙字典不好用，于是潜心研究，发明了上下行检字法。

纽约众多新闻媒体闻讯刊发了林语堂发明中文打字机的消息后，林家住宅一连 3 天对外开放，欢迎各界人士前来观赏这个"疯狂"的发明。"这是我送给中国人的礼物！"林语堂在记者发布会上手指"明快中文打字机"样机对记者说。在平和林语堂文学馆存有一张照片：林语堂看着女儿林太乙操作他亲手发明的中文打字机，脸上洋溢着笑容。照片摄于1947年，拍摄地点在美国纽约。而在台北林语堂故居，"明快中文打字机"样机则默默地陪伴着长眠于此的林语堂。 林语堂发明中文打字机引起了很大的轰动，但最终，林语堂也被这项发明花光十几万美元的存款，弄得"倾家荡产"，甚至与数十年的老朋友赛珍珠因为借钱的原因"反目成仇"，为发明中文打字机欠下的债务，林语堂直到数年后才还清。 1948年，林语堂将打字机专利权卖给美国一家公司，没过多久，投产计划搁浅。后来，"明快中文打字机"的键盘曾授权使用于IBM的中译英机器，以及Itek公司的电子翻译机；林语堂过世后，神通计算机也以"上下形检字法"发明"简易输入法"，让这项发明的影响更大。

林语堂发明也还不仅限于此，可以说，发明是林语堂没有穷尽的乐趣。1966年，林语堂定居台湾，他亲自设计了自己的住宅，中西合璧，亦现代，亦田园。进入雕花的铁制院门，色彩的映衬、风格的对比给人强烈的视觉冲击：宝蓝屋顶，雪白粉墙，深紫色的圆角窗棂；屋顶是中式琉璃瓦当，檐下是西班牙式螺旋圆柱，圈出拱门回廊。前庭看上去是个中式平房四合院，在后院看，又是一座西班牙别墅。 林语堂曾经形容这座宅院"宅中有园，园中有屋，屋中有院，院中有树，树上有天，天上有月，不亦快哉"。客厅中保存着林语堂家中日常吃饭的小桌和宴客的大桌。桌椅都是他一手设计。圆形小桌可折叠成方形茶几，还可折叠到更小，以便收纳。大桌在客人多时可拉伸扩大。就是他家的箱子，也是林语堂自己设计的，搬家时是箱子，落地拆开组装便是书柜。

其实更有趣的是林语堂除了这些科学的东西外，他对一些小小的艺术创作也有兴趣，像他自己设计相框，他把照片放在塑胶里面，后面放琴跟瑟，象征琴瑟和鸣，作为送给夫人的礼物。他还为夫人设计符合人体力学的舒适座椅，在当时，堪称相当前卫。他还喜欢捏泥马，在蛋壳上画点东西，用蜡烛油做点小东西。喜爱轮盘的林语堂，更对概率有莫名兴趣，一个小本笔记簿，密密记载他发明的轮盘机和他计算概率的亲手笔记。

快乐的林语堂

只有快乐的哲学，才是真正深湛的哲学；西方那些严肃的哲学理论，我想还不曾开始了解人生的真义哩。在我看来，哲学的唯一效用是叫我们对人生抱一种比一般商人较轻松较快乐的态度。

——《生活的艺术》

"人类一切快乐都是发自生物性的快乐。"在林语堂看来，把快乐分为物质和精神是很搞笑的一种行为，毕竟快乐无法简单地区分为非此即彼或者非白即黑。"人类的一切快乐都属于感觉的快乐。"林语堂大刀阔斧，不拘泥于物质和精神的区分，这是一种聪明，也是一种直达实质的欢畅。拒绝拖泥带水，也拒绝纠缠不清，只要是快乐的，就是要追求的，也是值得追求的。物质的快乐可以愉悦心灵，也就是让精神舒服，而精神的快乐可以反照物质，这样的快乐分不清谁比较重要，谁占的比重大，或者谁是引领者，谁是追随者，于是就简单些，快乐就好。这就是林语堂的快乐风格，他要的仅仅是结果，至于过程，至于标签，不是他考虑的。唯有如此，人生才会快乐。试想一下，如果停留在这个琢磨，那个考虑，这个平衡，那个讲究，活活就把人愁死烦死，哪里还有快乐可言。

"生之享受包括许多东西，我们本身的享受、家庭生活的享受，树木、花朵、云霞、溪流、瀑布，以及大自然的形形色色，都足以称为享受；此外又有诗歌、艺术、沉思、友情、谈天、读书等的享受。"在林语堂看来，这些享受都是重要的，没有必要分个楚河汉界。没有物质，精神就是饥饿的，没有精神，物质就是萎靡的，享受或者受罪，都只是一种感觉。林语堂不以追求美食而感到羞愧，也不为讲幽默或者读书而感到清高，林语堂以平常心对待生活，以平和的心态享受人生，感受快乐。

林语堂的乐观如同他的笑容一样，广为人知。他的笑容泄露了他内心的快乐，这样的快乐不是一时一事，而是他的经年累积。"父亲是一个无可救药的乐天派"注定了林语堂以后人生的基调，这样的种子在林语堂童年的时代就楔进他的生活，慢慢滋长，主导了他的人生态度。闲适、平和是林语堂的人生格调，快乐就是他的生活态度了。林语堂并非没有经历过人生磨难，身为乡村牧师的孩子，条件并非十分优越。从 10 岁就离开父母到厦门读书，面临学费不足的缺口，曾经经历过两次感情的挫折，到国外留学有段日子穷困潦倒，在北京被列入军阀政府的黑名单，如此种种，如果不是坚强的内心，怨天尤人或者长吁短叹都是可能的生活状态。甚至是绝望或者崩溃。

但是林语堂没有，林语堂从容地面对磨难，他把人生的底色设置为温暖或者说是积极向上的，至于灰色和黑色，被林语堂挡在自己的生命之外。即使是在他的长女林如斯在台湾自杀的情形下，廖翠凤几近崩溃，她哭着问林语堂人生的意义，生命的意义，同样悲伤万分的林语堂答出了"人生要快乐"，这是无法形容的强大。林语堂的强大也许来自平和坂仔青山的内心支撑，坂仔青山对林语堂生命的影响无与伦比。在山逼人谦逊的另一面，是山让人高大。巍峨高耸的青山不仅仅是重压，更是一种基础，一处基石。站立山峰之上，不仅仅是一览众山小的视野开阔，更是人在山峰我为高的博大胸怀。林语堂把尘世的纷争或者苦难，都视为过眼烟云，都视为轻易消失的尘埃，他的内心就站立起来，快乐就成为他站立之后的大旗，飘扬在他生命的高度。

有了如此的精神高度，林语堂把人生过得从容而且雅致。喝茶之乐，钓鱼之乐，抽烟之乐，散步之乐，享受美食之乐，研究孔子，解读苏东坡，审视武则天，为人，为文，行走在世上的林语堂就以快乐作为自己的通行证，穿行在不同的区域，没有高低贵贱之分，没有雅俗之虑，所有的只是凭借自己的感觉，感觉快乐就乐，感觉忧愁就愁，不掩饰不回避。不经意之间，林语堂的生活就没有太多的禁忌和太敏感的在意，得失寸心知，林语堂的舍弃造就了他的从容，造就了他的闲适、平和，给他的岁月注入太多的欢乐，林语堂也就成为快乐人生的典范。

幽默鼻祖林语堂

那些有能力的人、聪明的人、有野心的人、傲慢的人，同时，也就是最懦弱而糊涂的人，缺乏幽默家的勇气、深刻和机巧。他们永远在处理琐碎的事情。他们并不知那些心思较旷达的幽默家更能应付伟大的事情。

——《生活的艺术》

谈起幽默，林语堂可谓是幽默的鼻祖，谈幽默的资格不容置疑。当国人还几乎不知道幽默是什么的时候，林语堂首创把英文 Humour 音译为幽默。不仅仅是一个概念和名词的提出，林语堂还写了不少文章，为这个名词阐述。他写了《论幽默》、《征译散文并提倡幽默》、《幽默杂话》、《论孔子的幽默》等等文章，在《论幽默》这篇文章里，林语堂在开头就道出了幽默存在的空间和土壤，"幽默本是人生之一部分，所以一国的文化，到了相当程度，必有幽默的文学出现。人之智慧已启，对付各种问题之外，尚有余力，从容出之，遂有幽默——或者一旦聪明起来，对人之智慧本身发生疑惑，处处发现人类的愚笨、矛盾、偏执、自大，幽默也就跟着出现。"而在文章的结尾，林语堂又写道"因此我们知道，是有相当的人生观，参透道理，说话近情的人，才会写出幽默作品。无论哪一国的文化、生活、文学、思想，是用得着近情的幽默的滋润的。没有幽默滋润的国民，其文化必日趋虚伪，生活必日趋欺诈，思想必日趋迂腐，文学必日趋干枯，而人的心灵必日趋顽固。其结果必有天下相率而为伪的生活与文章，也必多表面上激昂慷慨，内心上老朽霉腐，五分热诚，半世麻木，喜怒无常，多愁善感，神经过敏，歇斯底里，夸大狂，忧郁狂等心理变态。"

林语堂不仅仅为幽默的提出创造了理论的支持，他还身体力行，大力倡导幽默。他创办了《论语》，这本刊物以"幽默闲适"和"性灵嬉笑"见长，一经问世就大受欢迎，引领了其他刊物的诞生和具有幽默品质的文章大量出现，以至《论语》创办的第二年被称为上海文坛的"幽默年"。

在林语堂自己的文章中，幽默更是其一大特色，他用生活中具有幽默感的事例来讲述道理和思想，避免了阅读的枯燥和障碍，让人在读完文章中会心一笑。除了文章，林语堂还充分利用各种机会，解读幽默，彰显幽默。在他的演讲中，幽默随处可见，这让他的演讲有很高的"气场",不至于干巴巴,而且常常是赢得满堂喝彩。有一次,林语堂应邀参加一所学校的毕业典礼。在他讲话之前,已经有不少人发言,轮到他发言的时候,已经将近12点了。当时不少人认为林语堂肯定也会洋洋洒洒发表一通高见,只见林语堂站起来笑着说"绅士的演讲,应该像女人的裙子,越短越好。"说完这句话,林语堂就结束了自己的演讲,大家先是一愣,随即报以热烈的掌声。幽默的林语堂,肯定在与会人员中得分许多。

1936年,林语堂在美国纽约举办的第一届全美书展上演讲,他在演讲过程中,以风趣幽默、机智俏皮的口吻,纵谈了他的东方人的人生观和他的写作经验。正当大家听得入神的当儿,他却卖了一个关子,收住语气说:"中国哲人的作风是,有话就说,说完就走。"说罢,拾起他的烟斗,挥了挥长袖,走下讲台,飘然而去!听众被他这个举动弄得瞠目结舌,他用这个独特的幽默行动,让人对他的演讲留下深刻的印象,留下了一段佳话。

有一次,纽约某林氏宗亲会邀请他演讲,希望借助林语堂的名气宣扬林氏祖先的光荣事迹。这种演讲吃力不讨好,因为不说些夸赞祖先的话,同宗会失望,若是太过吹嘘,又有失学人风范。不过,幽默大师林语堂还是很有办法,他说:"我们姓林的始祖,据说是有商朝的比干,这在《封神榜》里提到过,英勇的有《水浒传》里的林冲；旅行家有《镜花缘》里的林之洋，才女有《红楼梦》里的林黛玉。另外还有美国大总统林肯，独自驾飞机越大西洋的林白，可说人才辈出。"林语堂这一演讲，让宗亲很高兴，其实细看之下，要么是小说中虚构的人物，要么是美国人，跟林语堂本姓祖先可以说是八竿子打不着。林语堂以幽默既不驳宗亲的面子，又保住自己作为名人的风范。

不仅仅如此，林语堂许多的幽默都是脱口而出。有一回，在巴西某知名企业主办的演讲上，有听众递条子问林语堂"您认为，世界大同的理想生活是什么。"林语堂不假思索，脱口而出"我认为，世界大同的理想生活，就是住在英国的乡村，屋子里安装着美国的水电煤气等管子，有个中国厨子，娶个日本太太，再找个法国情人。"林语堂的话音刚落，台下就哄堂大笑，可以说是乐不可支。

林语堂，就不仅仅是个理论倡导幽默的人，还是在文章中充盈幽默元素，更是在生活中处处以幽默面世，让生活充满欢乐的笑声和令人称道的聪明机智。幽默，不仅仅是一种生活态度，更是一种生活智慧，林语堂，自然也就拥有了幽默大师的桂冠，也可以被推上幽默鼻祖的地位。

第三辑

情深

养趣的林语堂

觉察、怀疑，是一切思想的主力。求知，养趣，是一切学问的水源。

——《论问与知趣》

林语堂对于学问或者人生的追求，许多时候是以趣为引导，或者说，趣是林语堂的路标，尤其是他对女儿的教育之上，更是如此。

林语堂在坂仔读书的时候，他的父亲林至诚就让林语堂懂得要学好西方文化，必须掌握英语，让林语堂知道世界上最好的大学是牛津大学、剑桥大学。言语之中，让林语堂朦朦胧胧中有了人生目标的指引，在铭新小学，则有了当作家写作的渴望，而对于家乡水井，林语堂有了发明的雏形，这些趣，让林语堂的脚步走得越来越远。到了上海，林语堂的眼界就宽阔许多，当他从大学毕业，意识到自己中文知识的缺乏，他的补课已经不是自发，而是一种自觉。

林语堂有三个女儿，在孩子们很小的时候，林语堂就教她们读书，学中国文化，鼓励孩子们写日记。当林语堂的女儿林太乙问他为什么写作的时候，林语堂答之以"有话要说"，林太乙有点新奇，说自己也有话要说。林语堂并没有以为这是孩子的一时兴起，在过了几天之后，当林太乙把这件事忘得一干二净的时候，在一次外出搭车的时候，林语堂提醒林太乙"做作家，最要紧的就是对人，对四周的事物抱有刚出生婴儿一般的兴趣，要有自己的体悟和看法。要不然，谁会听你说？你看，你就不肯多听周妈的话！你说，今天在车上淋了雨，感觉很痛快，你何不把这样的感觉写下来？真的写下来了，就是好文章。"或许就因为林语堂的引导，林语堂的女儿们合出了一本书《吾家》，这本书给读者一面观看林语堂家庭生活的镜子。后来林如斯的文学才华，林太乙的文学成就，和林语堂对孩子兴趣的引导有着莫大的关系。

林如斯在《吾家》中写到"父亲一空闲下来，便是孩子们的头脑，父亲喜欢游戏，他也替我想出了好几种游戏，他和我们，仿佛是一个大哥，他常常讲笑话，又喜欢开母亲的玩笑。"林语堂和孩子们玩各种游戏，玩弄蜡烛，用各种颜色填孩子们书上的插图，和女儿们一起制造假面具马、房、屋和各种玩具，还替廖翠凤捏蜡像，他和孩子们讲故乡的神奇传说，教她们认识和体会自然的美丽和奇幻。

林语堂会在晚上的时光，把书房的灯打开，带着孩子们到花园里探险。蜘蛛网在灯光的照射下，发出柔和的光芒。廖翠凤说蜘蛛网很脏，但林语堂不赞同，他告诉孩子们：蜘蛛网在花园里就一点也不脏。蜘蛛八只脚，看起来很可怕，织网却整整齐齐的，小虫子以为没有，飞过来就被网住了，你们说奇怪不奇怪？每一样东西，只要在它应该在的地方，发挥功能，就很美丽，你们要牢牢记住了。林语堂用如此的方式来教育孩子，让她们真正地认识自然。

林语堂在庐山上避暑写作的时候，因为天气非常热，他们就带着席子躺在屋外。尽管非常劳累了，但林语堂还是撑着和林太乙以及林相如数星星，因为她们是第一次外出，非常兴奋。林语堂就是以如此的方式，培养孩子们的兴趣。他还时常带孩子们外出旅游，上海的城隍庙、杭州的天目山、庐山的寺庙、纽约的戏院、比利时的修道院、巴黎的艳舞场等等，都有留下他和孩子们的脚印，林语堂在旅游的途中抓住一切机会，培养孩子兴趣，教育孩子们各种知识，甚至冒着生命的危险带着她们去参观维苏威的火山。对于林语堂来说，他认为兴趣是重要的，而兴趣要培养，要创造机会。至于中国文化课，林语堂也重视，但他的重视不是死记硬背，而是抓住重点，其他就忽略不计了，有不清楚的，再去查阅资料。上课的内容也是随兴所欲，今天中文，明天英文；今天唐诗，明天聊斋。课本更是千奇百怪，《冰心自传》《沈从文自传》《西厢记》，朱子的《治家格言》，甚至连《教女遗规》都有，地理课就是看中国地图，其余的一切不管。英文课也简单，不用名家作品，就用晚报上的罗斯福总统夫人每日纪录。他的上课方式也许不符合正式课堂的要求，可是林语堂才不管什么课堂程序，他要的是培养孩子的兴趣，让他们有求知的欲望。

因为林语堂的培养，他的三个女儿后来都成就斐然，在自己的领域里学有所成。

林语堂的爱屋及乌情结

我们要承认惟有偏见乃是我们个人所有的思想，别的都是一些贩卖、借光、挪用的东西。凡人只要能把自己的偏见充分的诚意的表示都是有价值，且其价值必远在以调和折中为能事的报纸之上。

——《谈学者的尊严》

某种意义上，爱屋及乌情结也是一种偏见，但在林语堂看来，这种偏见是有价值的。

林语堂喜欢散步，这和他小时候的生活有关。林语堂儿时，时常在平和坂仔的花山溪岸边行走。如果说，喜欢散步只是儿时喜好的影响，那林语堂喜欢坂仔的青山在外人的目光中，绝对称得上"偏见"。因为故乡的青山，他不再以别的山峰为高；他认为平和坂仔是最好的，因为"有山有水有农家生活"，他甚至瞧不起纽约的摩天大楼，看不起纽约的笔直道路，"我的故乡是天底下最好的地方，那里高山峻岭，毓秀钟灵，使人胸境开阔。我感受到：走遍天下，没有一条柏油马路比我家乡的崎岖山道过瘾，也没有一栋高楼比家乡的高山巍峨。纽约摩天楼再高，但与我家乡的丛山一比，何异小巫见大巫，这是'尺寸'不同呀！"这样的话语，局外人看了也许不服，但对于林语堂来说，却是乡情的浓郁流露，是家乡的深刻印痕，这样的"偏见"确实有价值，而且这价值让平和因为林语堂而被世人广泛知道。对于平和来说，林语堂就是文化高度，文化标志。平和人应该感谢林语堂基于爱屋及乌情结的"偏见"，正因为林语堂，平和的蜜柚、龙眼、柿子、花山溪、青山和漳州的水仙花、八宝印泥、绒花、虎渡桥等等，留下了深深浅浅的痕迹。

林语堂的爱屋及乌，不仅仅是山水或者物品，还有林语堂的语言，他对闽南话非常钟情，以能听到乡音为人生快事。林语堂对于闽南话的喜爱，在他的"来台二十四快事"以及他用闽南话写的五言诗可以看出来，并且，林语堂的女儿林相如在 2011 年 10 月 16 日回到平和寻根的时候，说到他们家中最常用的交流语言不是林语堂让人称道的英语，不是普通话，而是闽南话，坂仔、小溪等等平和的地点在林语堂的话语中时常出现，以至林相如在路上就一直询问，坂仔到了吗，小溪到了吗？

林语堂的爱屋及乌，还有就是人。林语堂的初恋女友赖柏英时常赤足在草地上奔跑，在山路上行走，林语堂为此写了一篇文章《赤足之美》，"要是问我赤足好，革履好，我无疑地说，在热地，赤足好……赤足是天所赋予的，革履是人工的，人工何可与造物媲美？赤足之快活灵便，童年时快乐自由，大家忘记了吧。"其间深情，浓郁稠密。不仅仅是赖柏英，其实林语堂的爱屋及乌，还有多人受惠。平和国强乡有个叫黄凤仪的人，在台湾当兵。1967 年，林语堂到台湾定居的第二年，黄凤仪慕名写了封信给林语堂，说到自己是平和人，渴望有机会去拜访林语堂。信寄出去，黄凤仪并没有太多的希望，毕竟，当时的林语堂，名誉全球，而黄凤仪，只是个团级军官。但没有想到，信寄出后 10 几天，黄凤仪就接到林语堂的电话，约黄凤仪见面。此后，他们见面多次，还一起吃饭，林语堂还开导黄凤仪，改掉自己相对暴躁的脾气，之所以如此，家乡人，这句话至关重要。

林语堂是名人，他演讲是经常的事，但有一次演讲，也是爱屋及乌情结使然。根据坂仔五美楼的林必忠带回来的《树德创校三十周年纪念特刊》中《林语堂博士专题演讲——谈孔子学说》记载，1967 年 12 月 11 日，台湾台中市"树德家政专科学校"周年校庆之时，林语堂先生应邀到场为创办人林汤盘的父亲林耀亭纪念铜像揭幕并演讲。演讲中，林语堂就提到，他当时已经不大演讲，但到树德学校演讲，他是必来的，原因就是"树德家政专科学校"的创办人林汤盘父亲林耀亭三代前祖父是乾隆十年从平和坂仔迁到平和，所以他就非来不可了，林语堂说这是自己的家乡观念。在演讲过程中，林语堂说到自己的家乡"我从小就长在坂仔，这地方有十个乡镇，我生长于此，在闽南漳州西边，直走即达广东，平和县界于广东，此地很少人知道，但我既生长在这个地方，一个人自幼生长之地，无论你再过二十年，都不会忘记，所谓'梦寐不忘'。我就是做梦，也是那个小时即有快乐的家庭生活快乐的游玩之地。所以一讲到坂仔两个字，就打动了我的心弦。"林语堂说到闽南话，说到菜瓜和田鸡、石榴等等。乡情，让林语堂爱屋及乌，在树德学校妙语连珠，解读了孔子学说，阳明心学。

和女人同行的林语堂

我喜欢女人，能保持她们原有的模样，用不着因迷恋而神魂颠倒，比之天仙，也用不着因失意而满腹辛酸，比之蛇蝎。

——《女论语》

可以说，林语堂很有女人缘。

在林语堂的生命当中留下痕迹的女人有好多个，当然这些女人不都是因为爱情。

和林语堂爱情有关的女人有三个，初年女友赖柏英，热恋女友陈锦端，终身伴侣廖翠凤。这三个女人，浓墨重彩，各有各的印记。赖柏英的纯粹，让林语堂可以终生回忆；陈锦端的热烈，让林语堂因为心痛不敢轻易提起，廖翠凤的包容温暖，让林语堂终生享受。除此三个，母亲润物无声的爱，有着春风化雨的润物无声，二姐林美宫，从林语堂小的时候就宠着他，是另外一种母性的爱，就是大姐林瑞珠，尽管林语堂着墨不多，不过仅仅是因为林语堂失去陈锦端而哭得要瘫在地上，林瑞珠当头棒喝，把林语堂骂醒了，接受了廖翠凤，也可以看出这姐姐在林语堂心目中的威严以及她的睿智。可以想象，这林瑞珠也是干练而目光透彻的一个人，能把深陷情网而痛不欲生的林语堂，用几句话就骂醒，这不是一般的女性。

和林语堂生命紧密相连的还有他的三个女儿。这三个女儿给林语堂带来的天伦之乐，无法回避。林如斯最终因为婚姻失败选择上吊自杀的不归路，给林语堂留下巨大的伤痛，但仅仅凭借从她给林语堂的《京华烟云》写的序中，就可以看出她才华横溢。林太乙是林语堂的第二个女儿，她某种程度上继承了林语堂的衣钵，写下了《林语堂传》、《林家次女》等书，还当到美国《读者文摘》中文版的总编辑。小女儿林相如，至今生活在美国，也是林语堂唯一还健在的女儿，这个原香港中文大学生物化学系主任，编著70多本的学术著作，不过她于2011年10月16日回到平和的时候，回忆最多的是林语堂在家里和她们用闽南话交流以及说起平和的种种。林语堂对这三个女儿疼爱有加，很小的时候就带着她们各地行走，感受生活。林语堂用自己的父爱替她们划出接触世界的触角，大胆却又小心翼翼。其实，包括林语堂的养女金玉华，林语堂也是倾注了他的柔情。

　　林语堂生命中重要的女人还有赛珍珠，这个某种意义上把林语堂带向美国，从而为林语堂走向世界竖起最初路标的女人。她的生命之路和林语堂相反，林语堂是从中国走向国外，赛珍珠是从国外走向中国，但幸运的是，他们在某个路口交集了。当时赛珍珠想寻找一个真正理解中国文化的作家，写一本介绍中国的书，而林语堂正有此意。这个交集点后来催生了《吾国与吾民》，赛珍珠非常兴奋。就有了邀请林语堂到美国写作的举动，于是，有了《生活的艺术》、《京华烟云》、《孔子的智慧》等等著作。也许，没有赛珍珠，林语堂的写作会是另外一种风景。某些时候，一个人对另外一个人的影响，就是如此不经意而又深刻。尽管，最后林语堂和赛珍珠分道扬镳，这不仅仅是因为林语堂发明中文打字机倾家荡产的时候，向赛珍珠借不到钱这么简单的原因，还有生活理念和政治观点等等。一个人的认识是缘分，一个人的挥手告别也许就错综复杂。但无法否认，赛珍珠在林语堂生命中留下的痕迹，深刻而且久远。

　　检点在林语堂生命中留下痕迹的女人，不仅仅这些。被林语堂认为是中国文学史上最可爱的女人，有热血女人李香君，还有宋朝名妓琴操。这些人，或者让林语堂感慨，或者让林语堂敬佩，都曾经在林语堂的生命之中闪烁，林语堂还曾经买了一张李香君的图挂在墙上，为李香君写诗。久远或者目前，这些女人和林语堂同行，林语堂在他的文章当中，写了许多文字，透过文字，我们可以清晰地看到，林语堂对女性的尊重和崇拜。无论是姚木兰、莫愁、目莲，还是曼娘、红牡丹，都可以从她们身上，看到林语堂的崇拜和包容以及怜爱的情怀。

或许，因为花山溪的流水，林语堂的性格中有了平和的境界，因为和女人的一路同行，林语堂有了别样的柔情，温润而且柔软。

多情林语堂

情是生命的灵魂，星辰的光辉，音乐和诗歌的韵律，花草的欢欣，飞禽的羽毛。它给我们内心的温暖和活力，使我们快乐的生活。

——《情智勇：孟子》

林语堂是个多情的人，他的情无论是奔放或者隐匿，但充盈其中的是真，是美。

林语堂对于爱情，声名远扬。他对于赖柏英，自感"爱得非常纯粹"，这就让林语堂对这段感情可以喋喋不休地谈及，以至他在 68 岁的时候，专门为赖柏英写了一本自传体小说《赖柏英》，非常细致美好地书写了这段美好的情愫。他还把对家乡平和，对闽南文化的想你和理解，融合在这本书当中，可以说，在《赖柏英》里，林语堂写的不仅仅是赖柏英这个人，还有平和这块土地，这片山水。整本书，情是柔软但又非常坚定的一条线，字里行间时刻流淌。对于陈锦端，林语堂却又是另外一种态度，他对陈锦端连名字都不敢提，而且仅仅是用个字母"C"代替，短短的一段话，映照出林语堂对陈锦端刻骨铭心的爱，连提个名字都会痛彻心扉，只能在"内心最为柔软的深处"，留个位置供奉陈锦端；对于妻子廖翠凤，林语堂和她是最为合适的一对夫妻，创造了幸福婚姻的典范。爱情没有固定的格式，林语堂对生命中的三个女人，风格截然不同，唯有相同的就是个"情"字。当林语堂回首往事的时候，也许有"多情应笑我，早生华发"，但他能够坦然面对廖翠凤，笑忆赖柏英，深藏陈锦端，应该说，林语堂对情已经有了自己智慧的处理。

但林语堂的情，不仅仅是女人。林语堂对家庭，对女儿，这样的情又是一种天伦之乐，他们和女儿一起游玩，一起吃饭，一起唱歌等等，温馨是这种情的主调。当然，这情也有发生变调的时候，当林如斯遭遇婚姻变故的时候，林语堂和夫人廖翠凤，是小心翼翼地维护，生怕一不小心触动了林如斯的伤疤。其实，在此之前，林如斯在和汪凯熙订婚前夜，和黑人青年狄克私奔，尽管林语堂认为狄克并不适合林如斯，但面对"生米煮成熟饭"，林语堂和廖翠凤选择了面对，选择了呵护。为了不刺痛林如斯和狄克，林语堂夫妻每次都做好吃的东西，招呼林如斯和狄克两个人吃饭，这时候的林语堂，可以说有点讨好，迎合。之所以如此，就是因为林语堂对女儿的爱，生怕林如斯不开心。这时候的林语堂，他的情脆弱而不堪一击，他想以自己的情拉回女儿的快乐时光。当林如斯终因不堪重负而于 1971 年在台北上吊自杀的时候，这对于林语堂来说，打击不言而喻。他在自己写下的诗词《念如斯》中写道，"往事堪哀强欢笑，彩笔新题断肠句。夜茫茫，何处是归宿，不如化作孤鸿飞去。"他的心灰意冷从笔端奔泻而出，但他还只能掩藏在内心深处，林语堂不能倒下，他在自己撑起的时候，还要照顾同样深受打击的廖翠凤，这时候的林语堂，他的情是多维的，不仅仅一个指向。

　　林语堂的乡情，在众多的文章中汹涌澎湃。"我是漳州府平和县的人"、"我的家乡是天底下最好的地方"、"如果我有健全的观念和简朴的思想，那完全得之于闽南坂仔之秀美的山陵"等等，用柔情百结丝毫不为过。即使到了晚年，林语堂还是念念不忘家乡的山水。也许他在年轻的时候，行走世界，家乡是自己永远的行囊，可以滋润自己的心灵。到了年老的时候，这样的滋润已经不能无声，他在自己七十岁的时候，填了一首词《临江仙》，其中的诗句"三十年来如一梦，鸡鸣而起营营，催人岁月去无声，倦云游子意，万里忆江城。自是文章千古事，斩除鄙吝还兴，乱云卷尽縠纹平，当空明月在，吟咏寄余生。"其中的思乡、惆怅等等，让我透过文字，看到另一个林语堂，他长叹一声，有点颓丧地坐在那纵横文字的椅子上。

至今还记得，在台北林语堂故居，听到林语堂知道当年胡适资助自己的 2000 美元是自己的钱而不是北大预支的工资，他的沁然泪下；听到林语堂在暮年时候，抓起人工制造的珍珠哗然泪下感慨美好时光的流逝；听到他对闽南话的执着喜爱等等。

林语堂多情，无论这情是关乎家庭、家乡、家人、朋友等等，都让林语堂成为丰满有血肉的人，情是生命的灵魂，有着多情的人生，这生命就有了非常的质地，人就是站立的，而不是扁平地贴着地面。

林语堂的婚姻三段论

"所有的婚姻，都是缔构于天上，进行于地上，完成于离开圣坛之后。"

——《苏东坡传》

对于婚姻，或者林语堂有着痛彻心扉的感悟。

林语堂的婚姻，一开始并不畅顺。他曾经和老乡的赖柏英互相"爱得非常纯粹"，赖柏英是平和坂仔人，是林语堂儿时的玩伴，他们曾一起玩耍、抓虾、做游戏。后来，因为林语堂要继续向外求学，而赖柏英要留在家乡照顾双目失明的祖父，两个人不得不分开了。林语堂对这段恋情念念不忘，以至到了68岁（1963年）的时候，还专门写了一部自传体小说《赖柏英》，对这段恋情絮絮叨叨，把美好的曾经说个痛快。

林语堂爱得轰轰烈烈的是陈锦端，这个厦门富家女。他们对自己的爱情憧憬可谓非常美好，林语堂说要写让全世界都知道他名字的书，而陈锦端则是要作幅世界闻名的画作，才子佳人的爱情却因为陈锦端父亲陈天恩的出现戛然而止。陈天恩因为林语堂是穷牧师的日子和对基督教不坚定，坚决否定了这场萌芽的婚姻倾向。也许穷可以理解、接受，但对"上帝"的不尊绝对无法容忍。陈天恩的出手并不是"雷霆一击"，但绝对是"釜底抽薪"，他把隔壁银行家廖悦发的女儿廖翠凤介绍给林语堂。聪明的陈天恩就是个江湖高手，而还在上海圣约翰大学读书的林语堂，基本上就是个菜鸟，毫无还手之力。林语堂在痛哭一场之后，接受了廖翠凤。

林语堂的婚姻，其实就只有廖翠凤一个人。跟着林语堂走进婚姻围城的廖翠凤，和林语堂同甘共苦，缔造了婚姻佳话，把从结婚以后的爱情经营得风生水起。或许，正如林语堂所言，他们的婚姻秘诀在于"只有两个字，'给'和'受'。只是给予，不在乎得到，才能是完满的婚姻。"主动地给，给对方以爱，豁达地"受"，包容对方的缺点和不足。因此，廖翠凤以母性的包容，允许林语堂在床上抽烟，像哄孩子一样哄林语堂去理发，容忍林语堂的调皮以及童心，把林语堂的生活照顾得井井有条；而林语堂，则是迁就廖翠凤的尘世精明，为了廖翠凤心中生活的方便，而舍弃在充满艺术感的雅典卫城。宽慰只生女儿的廖翠凤，说自己不在乎儿子，不在乎传宗接代。在经济困难的时候，面对廖翠凤的慌张，林语堂安慰廖翠凤，说自己的笔还可以赚钱。而面对女儿林如斯对廖翠凤生活的影响，甚至是毁害，林语堂小心翼翼地维护，照顾。他曾经有一句名言"我好比一个气球，她就是沉重的坠头儿，若不是她拉着，我还不知要飞到哪儿去呢？"这句话以其说是一句感慨，未尝又不是一句哄太太开心的话。林语堂把廖翠凤捧上一个很高的位置，廖翠凤自然乐滋滋地享受，当林语堂的贤妻良母。

从林语堂自身的婚姻，也就理解了林语堂在《苏东坡传》当中说到的"所有的婚姻，都是缔构于天上，进行于地上，完成于离开圣坛之后。"这句感慨。美好姻缘一线牵，林语堂和陈锦端，可以说是郎才女貌，才子佳人。就是林语堂和赖柏英，也是情窦初开的时候的青梅竹马，这也许是上天给予的礼物。但这毕竟还是虚无缥缈的，有着不确定性，唯有到现实的地上，才有推进的可能。林语堂和赖柏英的分手，也许林语堂是主动的，但林语堂和陈锦端的分手，林语堂无疑是被动的，无论是主动或者被动，结局就是分手。遇到廖翠凤，是林语堂婚姻进行到第二段，是"进行于地上"，但回头想想，如果林语堂不是恋上陈锦端，陈天恩也许不会在意林语堂，就不会出面把廖翠凤介绍给他，这其中就蕴含了婚姻的第一阶段"缔构于天上"，或者说"冥冥之中自有定数"。认识或者结婚，那仅仅是前两段，最为重要的婚姻幸福，是在第三段"完成于离开圣坛之后。"或许仅仅是要走到结婚这个层面，就需要第三阶段了。婚姻仅仅有爱情是不够的，从林语堂的经历就可以看出，他和陈锦端不缺乏爱情，但就是走不到结婚这一步。而林语堂和廖翠凤不但结婚了，还把日子过得非常幸福。林语堂也许没有整天和廖翠凤喋喋不休地谈情说爱，但他们的爱就在互相的"给"和"受"，就在于俗世生活，在于日常的锅碗瓢盆。

正因如此，他们的婚姻美满了，成为风景。

在水仙花的芳香中沉醉

"只有两种花我认得它们的香气胜过兰花，那是桂花和水仙。后者又是我的故乡漳州的特产。"

——《人生的盛宴》

　　林语堂喜欢兰花，他在 76 岁时写的《我的家乡》中就曾经写道："家乡的兰花——尤其是剑兰，是非常著名的。"其他好像是夜百合、含笑、银角等等的，在别的地方很难一见。一句话，蕴含了多少浓郁的乡情。其实，他对兰花的描述还有更为详尽的地方"在我们的故乡出产的兰花，是全国的最佳种，有'建兰'之称，花作淡绿色，有紫色小点，形状较小许多，花长约一寸。价值最高的种名郑孟梁，浸在水里时，都几乎看不到，因为花色跟水的颜色一样。"如果说《我的家乡》中对兰花的描写是简约版，那这段话就是详尽版，难掩喜爱之情。

兰花给林语堂留下的记忆可谓深刻，但和水仙花的比较，林语堂对水仙花的香更难于忘怀。他在《人生的盛宴》中写道："只有两种花我认得它们的香气胜过兰花，那是桂花和水仙。后者又是我的故乡漳州的特产。"水仙花是漳州的市花，福建的省花，也是中国十大特产名花之一。水仙花的培育已经有了上千年的历史，在宋代就已经有了水仙花的记载。而漳州的水仙花，也有五百多年的历史，据相关资料，可以追溯到明朝景泰年间（1450～1456年），在河南为官的张光惠告老回乡时带回水仙花在家乡圆山脚下种植。在圆山麓张家祖厝上的一副由清道光年间留下来的对联"世界名花惟此有，人间异香别地无"佐证了水仙花的芳香有了历史的纵深感，从《龙溪县志》里面的记载："闽中水仙以龙溪为第一，栽其根至吴越，冬发花，时人争之"，也可以看到漳州水仙花走俏的身影。五百多年和一百多岁的林语堂相比，水仙花给林语堂留下深刻的印象也就是自然而然的事情。

在林语堂看来，水仙花非常喜庆。他曾经在《谈花和养花》中写道："看见梅花便想到雪，跟水仙花放在一起便构成我们在新年时候的欢乐景象"。这样的印象或许来自"每一种花在它的大自然环境里似乎很完美，爱花成癖的人把各种花卉在心目中的代表各节季的景象正如冬青代表圣诞节一样，这是一件最容易的事情。"于是，水仙花进入林语堂的春节，进入林语堂的欢乐和喜庆。林语堂曾经想过一种新潮的春节，不拜年，不发红包，不给仆人放假，但在强大的闽南风俗下，林语堂的"改变"可以说是毫无抵抗之力。他出门逛街后，回到家中，他发现了同乡送来的水仙花，发出了"我的家乡因出产这种美妙馥郁的水仙而闻名全国"的自豪感慨。水仙花拉扯了林语堂的记忆，在花香中，他想到童年，便回到家乡那红对联，年夜饭，爆竹，红烛，福建蜜橘，早晨的道贺和那件一年只许穿一次的黑缎大褂的过年情形。水仙花勾起了林语堂的记忆，林语堂的乡情。从水仙花的香味中，林语堂还想起了萝卜糕，这种家乡的美味，忍不住念叨，甚至出门上街去搜寻。当他在充满水仙花香味的屋子吃着油煎年糕的时候，他为自己放弃了改变春节的行为小小愧疚了一下，但相信，马上这愧疚就无影无踪了，因为，他已经沉醉在水仙花的芳香里。林语堂沉浸在过年的氛围中，在水仙花正香的时刻，就是那鞭炮声，也向他的灵魂深处进攻。

　　林语堂对水仙花不仅仅有种亲近感，还时刻维护水仙花，颇有点母亲的护犊情深。当年，因为水仙花大受欢迎，或许是考虑到生物中携带的细菌或者国家间贸易利益，有些国家禁止包括水仙花在内的花卉贸易。水仙花的花根，也就是鳞茎在美国非常畅销的时候，也受到美国的禁止。"此种花头曾大量输入美国，有一时期竟达数十万元之巨，后来美国农业部禁止这种清香扑鼻的花入境，以免美国人受花中或有的微菌所浸染"。林语堂对美国的做法大为不满，不再闲适幽默，而是直接在文章中写道："这种水仙花的花根，洁白得像仙人一样，而且不是在泥里，而是种在一盆水里，用石子堆着了，细心地处理，这样了会有微生物，简直是荒乎其唐。"可以想象得出，林语堂在说这话的时候，手托着烟斗，一脸气咻咻的样子。相信如果当时有人当面和他说水仙花的不是，林语堂一定会"赤膊上阵"，和对方理论一番。

林语堂对于水仙花，欣赏的不仅仅是香，而是因为乡情，因为这是家乡的名花。林语堂沉醉在水仙花的馥郁芬芳之中，更是沉醉在浓得化不开的乡情里。

哭泣的林语堂

你能哭就表示最坏的一段时期已经过去了。在悲伤的初期是没有眼泪的，直待活力恢复后，才会流得出来，眼泪已使你的情形变为松缓。

——《你且能哭就哭吧》

林语堂大多时候是一脸笑容，显示他的闲适、平和。不过，林语堂也有哭泣的时候。

林语堂为他的二姐林美宫，流了许多眼泪，以致他在年老回忆的时候，他还说自己青年时代的眼泪，基本是为二姐而流。

林美宫大林语堂五岁，和林语堂特别投缘。孩童时代的林语堂，常常和二姐林美宫一起编故事哄骗他的母亲杨顺命。杨顺命常常是听到后面，才捂嘴说："你们又来骗笨娘了"。而林语堂和林美宫看到母亲相信了他们的故事，乐不可支。这是多么温馨的一个场景。

林美宫是"貌美如花，欢快如雀"，但因为家庭的缘故，林美宫无法圆她的上学梦，尽管她对父亲林至诚一再央求，并且做出了种种承诺，但林至诚只有两个字"不行"。当时林至诚仅仅是个穷牧师，而且受当时社会观念的影响，不可避免地存在"重男轻女"的思想，"即使是厦门的富裕家庭也无法让女孩子上大学"，林美宫的大学梦就此破碎。尽管不全是因为林语堂要上大学，但林语堂认为自己挤占了姐姐上大学的机会。当林语堂前往上海圣约翰大学读书的时候，林美宫也出嫁了。在林语堂离开的时候，林美宫把四个银毫给了林语堂，叮嘱他要做个好人，做个有用的人。两年之后，因为婆家闹鼠疫而回娘家的林美宫，没有逃过这一劫，去世了。去世的时候，她腹中还有七个月大的胎儿。

林语堂回忆家乡的时候，念叨"东南敞亮处，家兄家姐俱葬于斯，但愿他们的坟墓还在。"在如今坂仔的南山，当地人称之为番仔山的地方，就是林语堂二姐和早殁的四哥林和平下葬的地方。因为林氏家族成员的散居各地和山地开发种植蜜柚树，林美宫和林和平的坟墓已经没有了踪迹。林语堂如果有知，也许又会是再次涕泪涟涟。

　　林语堂的另外一次流泪，是因为陈锦端。陈锦端是林语堂终生爱着的女人。林语堂和陈锦端爱得热烈，林语堂说要写让全世界都知道他名字的书，而陈锦端则是要作幅世界闻名的画作。可是，陈锦端和林语堂的爱情被陈天恩棒打鸳鸯了。陈天恩是陈锦端的父亲，当时厦门的名医，富人。陈天恩看不起林语堂，一则因为林语堂是个穷牧师的孩子，二则林语堂不是坚定的基督教徒。虔诚的基督教徒陈天恩把隔壁的廖翠凤介绍给林语堂，对林语堂和陈锦端的热烈之恋来个"温柔一刀"。林语堂忍着伤痛，回到平和坂仔。白天他还强颜欢笑，到了晚上，看着情况不对的母亲和姐姐一问，林语堂顿时悲从心来，放声大哭，几乎要瘫软到地上。这一哭，是林语堂为爱情而哭，可谓是痛彻心扉。

　　林语堂的大姐林瑞珠，此时非常清醒，她没有安慰。或许她只是出于本能，而不是知道安慰起不到作用。她以大姐的架势，把林语堂骂得狗血喷头，说林语堂是癞蛤蟆想吃天鹅肉，没有看看自己是什么人。林语堂的大姐这一骂，把林语堂骂醒了。林语堂接受了廖翠凤，成就了一段美满的姻缘。尽管陈锦端最后也没有如她父亲所愿，钓个金龟婿，而是到国外学美术，到 32 岁的时候才嫁了个姓方的教授，而且终身未育。

　　林语堂还有一次流泪，是女儿林如斯上吊自杀。林如斯是林语

堂的长女，因为婚姻的问题，离婚之后得了抑郁症。林语堂百般开
解，林如斯也竭力想从不幸的婚姻走出来，但最后林如斯还是放弃
了自己的挣扎，她说她太累了。于是，林如斯在台北工作的地方上
吊自杀。这对林语堂来说，绝对是巨大的打击。

当林语堂夫妇和闻讯赶去的二女儿林太乙见面的时候，林语堂
和林太乙抱头痛哭。这种痛和其他的伤痛不同，白发人送黑发人的
哀伤击中了林语堂内心深处。林语堂最终没有真正从丧女之痛中走
出来，虽然，他面对女儿林太乙的询问，做出了"人生要快乐"的
回答，但这是带泪的回答，或者说仅仅是一种安慰，一种宽解。

在林如斯去世之后五年，林语堂也去世了。那场痛哭，仅仅是
表面的结束，我想，林语堂一定常常在夜半流泪，为他的女儿，林
如斯。

在林语堂的一生之中，遭遇的挫折或许不少。想象得出，林语
堂泪流满面的样子。林语堂的眼泪，让他更是个人，而不是一个符
号，也就是林语堂说的近情。

把痛苦留在身后

一个人彻悟的程度，恰等于他所受痛苦的深度。

——《吾国吾民》

林语堂一脸笑容，但林语堂并非没有痛苦。

从 10 岁开始，林语堂就离开平和前往厦门读书，一年才回来一次，这对于一个小孩子来说，不可能没有煎熬。林语堂回家的时候，快到家了，却等不及，嫌上行的船太慢，而是和哥哥跳下船，一路狂奔，边喊着"阿母"边跑，见到母亲就迫不及待地扑进母亲的怀里。从这个场景，可以看出，幼小的林语堂遭遇了多少的煎熬。

林语堂曾经在感情上受挫。林语堂和家乡平和坂仔的少女赖柏英"爱得非常纯粹"，但因为赖柏英要留下来照顾双目失明的祖父，而林语堂选择了向外走，因此，这爱得非常纯粹的感情也只能无疾而终，青春期的驿动就此停摆。尽管，林语堂在 1963 年以 68 岁高龄，为这段爱情写了一本书《赖柏英》，但这依然是一段痛。在圣约翰大学，林语堂遇到了自己一生的最爱——陈锦端，两个人的爱情非常热烈，美好的生活场景让两人兴奋地勾勒"我要画一幅画""我要写一本书"，多少的激情喷涌。可是，这样的激情也是转眼消失，林语堂和陈锦端遇到了陈天恩，这个厦门的名医，陈锦端的父亲。他看不起穷牧师的儿子林语堂，更为重要的是，林语堂的基督教信徒的立场不稳，林语堂对上帝的怀疑让虔诚的基督教徒陈天恩无法容忍，于是他出手了，把隔壁的廖翠凤介绍给了林语堂，让林语堂回到平和坂仔的时候，在母亲和姐姐的追问下，号啕大哭，哭得成一摊泥软下去。接连两次在情感上受挫，林语堂的苦可想而知，陈锦端，也就成为林语堂胸口永远的痛。

他曾经在事业上郁闷。他和廖翠凤结婚，到了美国留学，因为半额的奖学金被取消了，老婆又因为阑尾炎住院，用中国的老话"屋漏偏逢连夜雨"，在廖翠凤哥哥的钱还没到的时候，他一周只吃了一罐麦片，艰辛度日；他在北大任教的时候，上了军阀的"黑名单"，逃离北京到了厦门大学任教。回到了厦门，林语堂也没有舒心多久，他就和理科的刘树杞等人不合拍了，几个月之后离开厦门大学；他曾经痴迷于发明，花光了自己 12 万美元的积蓄，发明了中文打字机，尽管打字机发明成功了，可是他倾家荡产，而且和赛珍珠分道扬镳；在 1954 年，他应邀到了新加坡南洋大学担任校长，可这对于他来说，却是人生的滑铁卢，成为他人生经历中色彩复杂的一段。事业上的几个沟坎，林语堂要做到心静如水绝无可能，谁也不是活在真空里，我们不是，林语堂也不是。

感情受挫，事业郁闷，经济困窘，这不仅仅是林语堂痛苦的全部。林语堂和二姐林美宫，最为投缘，可是二姐却在娘家得了鼠疫去世了，以致林语堂"年轻时代的眼泪，几乎就是为二姐而流。"让林语堂几乎撑不下去的是大女儿林如斯的自杀。林如斯非常有才情，这从林如斯为父亲林语堂的长篇小说《京华烟云》写的序就可以看出，从林语堂二女林太乙写的《林语堂传》以及林语堂三个女儿合著的《吾家》等等，可以看出，林语堂对林如斯非常宠爱，可就是这个女儿，因为婚姻的失败，得了抑郁症，最后于 1971 年在台北自杀。这对于林语堂夫妇来说，绝对是灭顶之灾。

可是，就是在林语堂夫妇抱着自己剩下的两个女儿的时候，在林语堂泣不成声的情况下，面对儿女林太乙的质疑"我们为什么活着？"林语堂的回答是"人生要快乐。"这是一句多么深切的顿悟，唯有深切，才有可能逼近事实。唯有快乐，才能支撑我们前行，唯有快乐，才能打败痛苦，这是人生的真谛，也是我们坚持前行的动力和理由。所有苦难，只有在经历之后，才有可能云淡风轻。

　　林语堂，其实给我们的人生在苍茫之中指明了一条路，而我们，唯有俯首前行。

马灯照耀林语堂

"远处他船的簧灯明灭，隔水吹来的笛声，格外悠扬。这又叫我如何看得起城市中水泥笔直的大道？"

——《林语堂自传》

在林语堂故居，有一盏马灯。

马灯放在林语堂家当年的客厅兼餐厅的桌上。一张木制的桌子，有点泛白的材质，很简朴，没有什么修饰的东西。马灯就放在桌子之上。因为长久不用，有点锈迹斑斑。桌子靠窗，窗户是黑色的木窗，窗棂之间透进光线，黑色显得古朴、庄重，甚至有点神秘。木桌、两把木椅，还有马灯和窗户，和谐之间，构成了一幅组图，传递100多年前的生活气息，亲切而且实在。

参观林语堂故居的人，喜欢在这里拍照，这种感觉，有点历史，有点沧桑，构图极为吸引眼球，更为重要的是，这马灯在这里，已经不仅仅是一盏灯，颇有某种象征的意蕴。

在林语堂的记忆之中，马灯并不陌生。当他回忆小时候在厨房后面水井打水的时候，提到他们家的马灯。"学习打水很有趣。当吊桶到达井底时要摇动，这样它就会翻转来装满水，我们不知道有小机器，因为那是煤油灯的时代；我们有两盏这样的灯，同时还有几盏点花生油的锡灯。"看得出，这马灯不是若有若无，而是一直闪烁在林语堂的记忆之中，以至到了年老的时候，他还记得这样的细节。能够留存记忆的，总是印象深刻，否则早就销声匿迹。

马灯又叫"气死风灯"，底座比较大，不仅仅是放置安稳，还因为煤油就装在那里，要有一点容量。灯芯被灯罩罩着，要点着马灯的时候，把灯罩摇起，点着之后，灯罩即刻放下，罩住灯芯，风吹不灭，才有气死风灯的昵称。

在没有电灯的时候，马灯就是带来光明的重要工具。童年的林语堂，在马灯之下读书、聊天、奔跑，灯光所到之处，留下的是安心、温暖。

马灯于林语堂来说，不仅仅在家的概念，还在船上。马灯在船上被称为船灯，挂在船上，不仅仅照亮船上的空间，方便船上人员的行动，也是一种标志。远远的有马灯亮着，其他人就知道船在那里。

林语堂从 10 岁开始，就与船紧密相连。当年他乘坐五篷船从坂仔出发，到小溪，到漳州，直到厦门读书。放假的时候，溯流而上，乘船回到平和，回到坂仔。顺水两天两夜，逆水三天三夜，就是这个"夜"字，林语堂和马灯亲密接触。

十二三岁的林语堂，把往来平和和厦门的航程视为一幅幅风景画，视为毕生难忘的记忆。他曾经留下"西溪夜月五篷里，年年此路最堪娱"的诗句，也曾说过"远处他船的篝灯明灭，隔水吹来的笛声，格外悠扬。这又叫我如何看得起城市中水泥笔直的大道？"这篝灯就是船灯，也就是马灯。这时候，马灯已经不仅仅是一盏灯，也是家乡的源头，这源头就是林语堂这个漂泊风筝的坠子。林语堂一直沿着这条线回望家乡，回望那生命的源头。只要在心里有这么一盏灯，那么无论走得再远，也不会迷茫，不会迷失方向。

在 2014 年 5 月 23 日央视《远方的家》栏目中播出的《心归平和》节目中，有一段讲述林语堂从花山溪乘坐五篷船到县城转乘大船的经过，其中船上悬挂着一盏船灯。看着这盏灯，想起 100 多年前林语堂就是在这样的船灯照射之下，把原来应该是孤寂的航程行走得充满诗意，忍不住有想抚摸一下船灯的冲动。

回到林语堂故居，看到方桌上的那盏马灯，轻轻地擦去灯上的灰尘，似乎把历史的一些烟尘擦去，让我们看到原来的岁月。

灯没有亮，灯又似乎亮了。

青山满怀林语堂

　　"如果我有一些健全的观念和简朴的思想，那完全是得之于闽坂仔之秀美的山陵，因为我相信我仍然是用一个简相的农家子的眼睛来观看人生。"

——《林语堂自传》

　　在林语堂的笔下，写到家乡平和坂仔的文字不少，尤其是坂仔的青山，林语堂已经把坂仔青山上升到精神高度，深化到坂仔的青山帮助他形成高地人身观的人格修养人和文章风格，把自己的所有成就都归功于坂仔的青山："为学养性全在兹"。

　　坂仔的青山功不可没，影响造就了一个世界文化大师，坂仔的青山也有幸，让林语堂"十尖石起时入梦"。坂仔这片层峦叠嶂的青山让林语堂心存感激，所以他带着感恩的情怀在《林语堂自传》说道："如果我有一些健全的观念和简朴的思想，那完全是得之于闽坂仔之秀美的山陵，因为我相信我仍然是用一个简相的农家子的眼睛来观看人生……如果我会爱真、爱美，那就是因为我爱那些青山的缘故了。如果我能够向着社会上一般士绅阶级之孤立无助、依赖成必性和不诚不实而微笑，也是因为那些青山。如果我能够窃笑踞居高位之愚妄和学院讨论之笨拙，都是因为那些青山。如果我自觉我自己能与我的祖先同信农村生活之美满和简朴，又如果我读中国诗歌而得有本能的感应，又如果我憎恶各种形式的骗子，而相信简朴的生活与高尚的思想，总是因为那些青山的缘故。"

不仅仅这些中年的感慨，坂仔的青山一直没有走出林语堂的梦境和记忆，于是在《八十自叙》里，林语堂再次饱含真情的笔墨留给坂仔的青山"坂仔村之南，极目遥望，但见远山绵亘，无论晴雨，皆掩映于云雾之间。北望，嘉溪山矗立如锯齿状，危崖高悬，塞天蔽日。冬日，风自极狭窄的狗牙谷呼啸而过，置身此地，人几乎可与天地相接。"在另一篇文章中，林语堂则是这样描写："前后左右都是层峦叠嶂，南面是十尖（十峰之谓），北面是陡立的峭壁，名为石缺，狗牙盘错，过岭处危崖直削而下。日出东方，日落西山，早霞余晖，都是得天地正气。说不奇就不奇，就奇是大自然的幻术。南望十尖的远岭，云霞出没。幼年听人说，过去是云霄县。在这云山千叠之间，只促少年孩子的梦想及幻想。"这是山的描述，也是对山的解读和接受，"十尖石起"在林语堂的笔下有了更具体的形象。

"十尖"与"石起"是坂仔南北相对的两座高山的名字。"十尖"位于坂仔的正南方向，是绵延几公里的丘陵，最突出的十个山峰，就像人张开的十个手指头，故当地人称它们为"十尖"，十尖山其实也就是现在坂仔人说的是南寮山，南寮山群山绵亘，山峦积翠，峰外有峰，重重叠叠，神秘莫测。山中怪石古洞，飞瀑流泉，幽谷虬松，随处可见。而"石起"则在坂仔的正北方向，就是现在坂仔"西坑农民新村"的所在地，因为此地多石头，那起伏不断的一座座的山峰，恰如人的牙齿，所以当地人也叫十八齿。林语堂笔下的"石起"应该是"石齿"之误，因为在闽南话里，"起"和"齿"是同音的。

在《林语堂自传》中，林语堂曾写道："北部的山巅上当中裂开，传说有一仙人曾踏过此山，而其大趾却误插在石上裂痕，因此之故，那北部的山常在我幻想中。"这充满神奇的传说在坂仔的枯桥山，在山路岔口一块巨石上堆叠一块较平坦的巨石，高高伸出，像一只托天的巨掌。巨石上面，有两只五十多公分长的脚印，足迹清晰，传说是石尖山修炼的道人，经百年修炼，终得正果，成仙之前，行善于此，并在此踩石升空，化羽成仙。这美丽的传说可谓是生命力极强，从不知道何时开始在坂仔民间流传，到了林语堂年代，给了林语堂许多遐想，并且随着岁月的更迭依然留下深刻印象。

　　绕过巨石仙人脚印，爬上十余米，便来到一条古道，顺着古道盘旋而上，步行大约两公里，便可见路口直耸一石壁，壁高五丈有余。这应该就是林语堂笔下写道的"过岭处危崖直削而下"。在石壁之巅，立着一块巨石，呈倒三角形的巨石，形状像农村里扬谷场的风柜斗，所以村民们都戏称它为风柜斗石。石壁之下，有一个直径约四十公分长的圆洞，洞深漆黑，不见其底，据说是元末起义军首领李志甫，他率义军路过此地，饥饿难忍，便生气一踢石壁，没想到竟把石壁踢了个大洞，洞里哗啦啦地滚出许多大米，供军队吃，从此军心大振，拥者如云。所以，村民们把这个神秘的洞叫出米洞，此石就叫出米石。顺着山道继续前行，转过大弯，便可看到一大簇石头堆积一起，形状像一头昂首远望的雄狮，被称为雄狮望月。在雄狮望月的左边，有个柱形巨石，大约四米高，柱面石头高低不平，宛若巨龙缠柱，这就是有名的景点石龙柱。极目远眺，雄狮望月的右边，是一条深不见底的峡谷，峡谷之上，巨大石壁，直耸云霄，而在石壁之中，有一个长约五米见宽的黑洞，依稀可见洞里有一块巨石，状若观音坐莲之势，端庄肃穆，惟妙惟肖，这就是让村民们虔诚膜拜的石观音。石观音旁，一条瀑布从石壁之间飞珠溅玉，飞泻而下。如此集奇、险、秀为一体的山野风光，想象在100多年前童年的林语堂肯定无法一一领略，无法亲临其境的传说更有诱惑和神秘色彩，也就难怪林语堂产生了诸多幻想。

坂仔的青山在林语堂 1923 年最后一次回到坂仔之后，逐渐远离和淡出视线之外。但林语堂从来没有忘记坂仔的青山，并且把坂仔的青山当成唯一的、最高的标准，以至 1962 年，林语堂 67 岁时，女儿接他到香港游玩，女儿对父亲说，香港有山有水，风景像瑞士一样美。林语堂正色道"不够好，这些山不如我坂仔的山，那才是秀美的山"。女儿将父亲林语堂带到落马山峰，可见一片片田地和薄雾笼罩的山丘，很激动，以为会引起父亲的好心情，林语堂却只是眯起眼睛望了望，不吱声。大为惊讶的女儿就问父亲，坂仔的山是什么样子？父亲连说了三个山字：青山、有树木的山、高山！接着他批评香港的山好难看，许多都是光秃秃的。女儿将父亲带到山顶，此处有树木，是青山，从山顶望下四面是水，女儿以为林语堂肯定会因为这山和坂仔的山相似而高兴，谁知道林语堂还是摇头，在他的心目中坂仔的山，是重重叠叠的，山中有水，不是水中有山！直到这样，女儿才明白过来，原来，父亲林语堂一直沉浸在故乡那片快乐的童年山陵，无论什么山，都无法替代林语堂童年的山了。这种记忆不仅仅是"情人眼里出西施"的情结，而是已经和血液融为一体，无法剥离，让林语堂因为坂仔的青山"从此不再以别的山峰为高"了，这是深入生命深处的记忆，无法抹杀和消减。

有情人不成眷属

一个人出生后，他的灵魂就到处寻找那与他相配的另一半。他也许一辈子也找不着他。也许要十年、二十年。但是他们碰面的时候，马上认得出对方，全凭直觉，无须讨论，无须理由，双方都如此。

——林语堂《红牡丹》

众所周知，林语堂曾经谈过三次恋爱。初恋赖柏英，热恋陈锦端，妻子廖翠凤。林语堂的爱情是从结婚开始，他最爱的不是廖翠凤，但和她过了一辈子，而且把他们的婚姻经营成典范。"爱情是点心，婚姻是饭，没有人为了吃点心而不吃饭。"某种意义上，婚姻是在现实的基础之上，而爱情有些时候比较空泛。

《红牡丹》是林语堂写的八部长篇小说中最红艳的一部，在这部小说里，林语堂成功塑造红牡丹这个形象。红牡丹是当时为数不多的女性在爱情生活中占据主动的一个人物，她不是被动地接受，而是主动追求，给和受颠覆了当时常规的价值判断。她打破了一男多女的格局，而是一女多男。她的爱情不是一段段故事的纵向发展，而是以她自己为核心，从多个方向出击，既有纵的走向，也有横的存在。她大胆追求爱情，也不讳言对肉体享受的期盼，她最后从爱情的高空落下，停留在婚姻的现实之上，嫁了一个农民。爱情就像你从来没见过的仙鸟的歌声，它一来到人间，马上活不成，它不能关在笼子里。这仅仅是小说，但也可以从小说中窥探到作者的某种思考，甚至多少带点个人的痕迹在内。

　　林语堂在《红牡丹》这本书中，借助文章中主人公之一的安德年，表达了自己对爱情的一种看法。安德年在和红牡丹约会的时候，聊到爱情，安德年说"只要有爱人，爱情就有深有浅，有各种色彩和调调。"这句话，阐述了爱情的存在，只是色彩、调调的深浅不同而已。林语堂和赖柏英、陈锦端、廖翠凤三个人，肯定有爱情存在，但确实色彩和调调不同。初恋赖柏英，应该是清新和淡雅的，热恋陈锦端，则是惊艳和激越的，廖翠凤，作为陪同林语堂走完一生的人，那就应该是醇厚、舒缓、温暖的。不容讳言，林语堂最爱的应该是陈锦端，不仅仅情投意合，陈锦端还是林语堂心头永远的痛。但林语堂如果真的和陈锦端结婚，是否就一定比和廖翠凤结婚幸福，还真很难说。陈锦端想当名画家，林语堂想当名作家，两个人都把事业放在第一位的时候，生活就会出现缺位。许多时候，齐头并进并非就是最好的选择，补位更有幸福感。林语堂自己就曾经说过，幸福之一是吃父母做的饭菜，但父母总是会老去，也许妻子就是母亲的补位。事实上也是如此，林语堂有着一定的恋母情结，廖翠凤就以母性的爱恋，把林语堂照顾得很好，林语堂才华横溢，但生活能力相对不足，连理发、换衣服等等都要廖翠凤照顾，如果林语堂和一心想当名画家的陈锦端结婚，难说不会出现矛盾。当然，这仅仅是一种猜测而已。

不过，在《红牡丹》这本书中，林语堂为自己和陈锦端的爱情寻找到了一种合理的解释，林语堂在书中表达的就是不一定和自己深爱的人生活在一起，在林语堂的设计中，可以把最爱的人放在心里，而和另外一个合适的人生活在一起。现实中，在林语堂内心最为柔软的深处，永远有陈锦端一个位置，而林语堂则是和廖翠凤生活在一起，享受家庭的温暖。红牡丹和安德年约会的时候，安德年说"爱情就像你从来没见过的仙鸟的歌声。它一来到人间，马上活不成。它不能关在笼子里。有情人一成眷属，歌声就黯然失色，颜色和调调完全走了样。要保存爱的美感，唯一的办法就是生离死别。所以恋爱总是悲哀的。"这有点悲观，但事实上也是存在的。爱情更多的是理想，婚姻则是现实的。当年林语堂被迫和陈锦端分手，接受了廖翠凤，这种痛其实一直没有消失，以至林语堂在创作的时候，把自己的切肤之痛和盘旋不去的感受融合在作品的字里行间，这是一种无奈，也是一种宣泄，红牡丹嫁给一个农民，何尝不是一种站立在现实土壤上的选择？林语堂为自己当年的选择寻找到了一个合适的解释。

"所有的婚姻，任凭怎么安排，都是赌博，都是茫茫大海上的冒险。""在理想的社会里，婚姻是以玩捉迷藏的方式进行的。"林语堂这两句有关婚姻的论述，同样是对婚姻和爱情的选择增加了注脚，是有情人不成眷属的另外一种解释。

第四辑

痕迹

快乐地读书

读书本是一种心灵的活动，向来算是清高。"万般皆下品，惟有读书高。"所以读书向称为雅事乐事，但是现在雅事乐事已经不雅不乐了。

——《论读书》

林语堂读书无数。

林语堂读书有自己的招数。在林语堂看来，"读书本来是至乐之事"。不过这读书可不是那些带着功利性质的读书，不是为了分数、前途、工作、父母妻室等等，而是自由地读书。林语堂最为羡慕的读书是李清照和赵明诚，认为他们最懂得读书之乐。李清照被林语堂誉为中国第一诗人，他们夫妇典当衣服，买碑文水果，回来夫妻展玩咀嚼。他们一面赏碑帖、一面品佳茗、一面校经籍，这在林语堂看来，是如何清雅，如何得了读书的真味，足以让林语堂羡慕不已。而李清照和赵明诚夫妻间的小游戏，就是坐在桌前，说哪件事是在哪本书哪一卷哪一页哪一行，说中的人可以先饮茶。当说中者端起茶杯哈哈大笑的时候，哪是夫妻间的小游戏的欢乐而已，而是弥漫着浓郁的书香。当赵明诚去世之后，李清照再度嫁人，却是个胸无点墨之人，难怪林语堂为之叹息不已。

在林语堂的心目中，真正的读书是没有时间限制的，而是兴味到时，拿起书本来就读，这才叫作真正的读书，这才是不失读书之本意。这时候"无酒且过，有烟更佳。"林语堂是太会享受生活，把读书的事情做得诗意盎然。不过，林语堂读书，求的是顺乎自然。他对于那些头悬梁、锥刺股和旁边站着个丫环提醒读书的人不要入睡等等行为，颇不以为然。他认为读书只要读到兴趣，哪里会打瞌睡。至于读书会打瞌睡，不如直接去睡觉，何必借助外力来强迫读书。至于那些嫌光线不好或者板凳太硬等等，更不是理由。

林语堂对于读书，并不是觉得读得越多越好，而是要有所选择。而在选书的过程之中，很有选"情人"的味道。找到思想相近的作家，找到文学上之情人，必胸中感觉万分痛快，而魂灵上发生猛烈影响，如春雷一鸣，蚕卵孵出，得一新生命，入一新世界。这种畅快淋漓，哪有不尽兴读书，也哪有不喜欢读书，不把读书当乐事的。而若找不到情人，东览西阅，所读的未必能沁人魂灵深处，便是逢场作戏，逢场作戏，不会有心得，学问不会有成就。

在林语堂看来，读书不可勉强，因为学问思想是慢慢培养、滋润长出来的。各人如能就兴味与程度相近的书选读，未有不可无师自通，或事偶有疑难，未能骤然了解，涉猎既久，自可融会贯通。在他以为，一人找到一种有趣味的书，必定由一个问题而引起其他问题，由看一本书而不得不去找关系的十几种书。如此循序渐进，自然可以升堂入室，研磨既久，门径自熟，或是发现问题，发明新义，更可触类旁通，广求博引，以证己说，如此一步一步地深入，自可成名。毕竟，世上无人人必读之书，只有在某时某地某种心境不得不读之书。

林语堂读书，喜欢图书馆。林语堂一向认为大学应当像一个丛林，猴子应当在里头自由活动，在各种树上随便找各种坚果，由枝干间自由摆动跳跃。凭他的本性，他就知道哪种坚果好吃，哪些坚果能够吃。林语堂觉得自己在哈佛大学的时候，就是在享受各种各样的果子的盛宴。因为哈佛大学有卫德诺图书馆，只要不上课，林语堂就到图书馆去，去当他那挑选坚果的猴子。

林语堂读书，他认为读书的意义就是使人比较虚心，比较通达，不固陋，不偏执。或者说，读书的主旨在于摆脱俗气。黄山谷曾经说过，人不读书便语言无味，面目可憎。林语堂很是赞同这句话，当然他认为面目可憎并不是理解为面孔不漂亮，而是指读书人议论的风采，其实就是谈吐间的风度和气质等等。毕竟，读书不是雪花膏，可以涂脂抹粉。林语堂认为《浮生六记》里的芸，虽非西施面目，并且前齿微露，言下之意，芸并不是那种惊艳的美女，但芸却被林语堂誉为天下第一美人，那就是气质，就是谈吐的儒雅和内涵。还有，章太炎也不漂亮，王国维有一条小辫子，但因为他们的风韵，林语堂不但不认为他们面目可憎，甚至使用上了"可爱"这个词语。

林语堂读书，绝对不符合教师的课堂教学的读书，但因为他深得读书的真味，所以他读书有胆识、有眼光、有毅力。这书，读起来就是自由、快乐，并且是真正读进去，深得其中精髓了。

妙语林语堂

　　人是不能不说话的，但是，有的人说起话来，娓娓动听，使人听了全身的筋骨都感觉到舒服；有的人说起话来，锋芒锐利，像是一柄利刃，令人感觉到十分恐惧；有的人说起话来，一开口就使人感觉到讨厌。所以人的面貌各个不同，而人的说话，获得的效果，也正像面貌的各个不同一样。

——《说话的艺术》

　　林语堂会说话，这个毋庸置疑。作为闻名世界的幽默大师，他的能言善辩、幽默风趣给他留下了盛名。从"绅士的演讲就应该像女人的裙子，越短越好"到面对美国观众不服气的质疑时说"美国的马桶就比中国的好"等等，林语堂的"会说""能说"实现了他小时候立下的"当个辩论家"的梦想。林语堂的妙语足以编写一本书，传递他的丰富底蕴和语言天才。但我更为敬佩的是林语堂在抗日战争中的演讲、辩论和宣传，这带着硝烟味道的妙语，是人生的大智慧。

林语堂的硝烟味，有过两次。1926 年，林语堂在北京街头以投掷垒球的技术扔石头和北洋政府军警干仗。抗日战争时期，林语堂不再闲适、平和，而是以战士的姿势出击，宣传抗日，这是林语堂人生经历中重要的一笔。

抗日战争爆发的时候，林语堂充分发挥他的演讲口才，到处演讲。"七七"事变后，他应中国驻美大使王正廷的邀请，去华盛顿向美国阐释中国的立场。1944 年，林语堂自中国再次赴美之后，在纽约市哥伦比亚大学附近的公寓住下，作为自现场归来的最新证人，连续六周作演说 10 余场。早在 1936 年，"西安事变"发生的时候，美国人对中国的事情还一无所知。报纸、电台不断传出"张绑架了蒋""毛主张公审蒋"等等报道。哥伦比亚大学组织一个讨论会，林语堂赴会演讲。他先告诉美国人，谁是张，谁是蒋。因为这两个字在英语中只差一个字母，Chang（张）、Chiang（蒋），绕得美国人头都大了。林语堂告诉大家：张学良软禁蒋介石的目的，是为了抗日。共产党领袖朱德和毛泽东，诚挚爱国，胸襟阔大，度量豁达，蒋虽与朱、毛血战，并高悬厚赏买他们的人头，但他们豪侠大度，认为将来中国抗日，还需要蒋介石对国民党的权威，因此，必送蒋脱险。林语堂断定，"西安事变"的结局是喜剧而不是悲剧，张学良会亲自陪同蒋介石回南京。事实的发展印证了林语堂目光的锐利，他的演讲为宣传抗战加分不言而喻。

　　不仅仅是演讲，林语堂还拿起笔作战，这是另外一种妙语。他挥动曾经写过《生活的艺术》等诸多文章的大笔，冲锋陷阵。"七七事变"后，他应美国《新共和周刊》主笔之约，撰文痛斥美国的"中立家"。1937 年 8 月 29 日，林语堂在《时代》周刊发表《日本征服不了中国》一文，揭露日本帝国主义自 1931 年以来怎样得寸进尺地侵略中国，林语堂坚信，中国是不可征服的，预言"最后的胜利一定是中国的"，这是林语堂坚定的呐喊。林语堂的笔是机枪，连续发射，他先后在《纽约时报》发表《双城记》、《真正的威胁不是炸弹，是概念》等文章，向美国人民宣传中国的形势和抗日主张，阐释中日战争背景的文章。南京沦陷之后，林语堂又在《纽约时报》发表长文《锹城记》，争取国际友人的同情。1940 年，林语堂在回国短暂居住数月之后再次前往美国，《纽约时报》以《林语堂认为日本处于绝境》的标题，刊出了记者写的采访报告。林语堂还亲自投书《纽约时报》，指责美国政府的两面手法，对中国冷淡，把汽油、武器和大量军用物资卖给日本，发战争财。这些揭露美国"中立主义"支持侵略者屠杀中国人民的信件，其中有五封被刊登在《纽约时报》的读者来信专栏。

　　林语堂的阵地不仅仅是《纽约时报》。他频频地向《新民国》、

《大西洋》、《美国人》、《国家》、《亚洲》及《纽约时报周刊》等刊物投稿，谈论中西关系、中日关系、西方对亚洲的策略等问题。林语堂的宣传，在美国民众中产生了积极的影响。

林语堂在《吾国吾民》第13版即将开印的时候，补写了一篇80页的文章《中日战争之我见》加在书中，表明了他的中国必胜、日本必败的坚定信念。他还写了《日本必败论》，创作了小说《京华烟云》、《风声鹤唳》、政论著作《啼笑皆非》、抗战游记《枕戈待旦》。

我们看到了和托着一把烟斗，一脸笑容的形象不一样的林语堂，带着硝烟味，保持侃侃而谈和奔走疾呼的战斗姿势，血性、阳刚。

林语堂是只有思想的蚂蚁

一个人能偶尔觉得自己十分渺小时，于他是很有益处的。

——《生活的艺术》

林语堂感觉到自己的渺小，是因为他的高地人生观。蚂蚁作为一种意象，出现在他的生命里。

林语堂和蚂蚁，应该是早有接触。作为一个在乡村生活的孩子，蚂蚁是再常见不过的小动物，多少乡村的孩子把蚂蚁当成玩具，玩得乐不可支。林语堂，也就不可能和蚂蚁有太远的距离。而且，从林语堂后来提到蚂蚁的自然，也可验证林语堂对蚂蚁的熟悉。

在林语堂的世界，蚂蚁出现的概率不高。如同孩童时代，把蚂蚁当成玩具是林语堂和林太乙的女儿，这被林语堂称之为"全世界最乖的小妞"玩的时候。当时他们在风光秀美的法国坎城，小妞在路边看见了一个蚂蚁窝，林语堂慈爱地问，那有几个蚂蚁啊？小妞瞪大了眼睛，想来想去，说"七八个"。林语堂哈哈大笑，"我的小蟑螂还真是聪明哩！"很简单的一个场面，弥漫温馨和慈爱，林语堂这时候不是什么名人，而仅仅是个慈祥的外公，蚂蚁是他欢乐的引线而已，关键的是那份爱。

在林语堂的笔下，蚂蚁曾经出现过，不过这时候，蚂蚁已经不仅仅是蚂蚁。林语堂在《我的家乡》里写道："儿时我常在高山上俯看山下的村庄，见人们像是蚂蚁一般的小，在山脚下那个方寸之地上移动着。后来，我每当看见人们奔忙、争夺时，我就觉得自己是在高山上看蚂蚁一样。"在林语堂的眼里，蚂蚁是渺小的，甚至可以被忽略不计，当他站在高山上看蚂蚁的时候，他的胸怀是宽广的，他的目光是深远的，他的境界已经不仅仅是"一览众山小"。平和，这时候已经体现出林语堂的境界。

早在林语堂40岁时写《林语堂自传》的时候，就也写过蚂蚁。"当我去年夏天住在庐山之巅时，辄从幻想中看见山下两只小动物，大如蚂蚁和臭虫，互相仇恨，互相倾陷，各出奇谋毒计以争'为国服务'的机会，心中乐不可支。"林语堂这时候是俯视，他把自己站成一种高度。这就是林语堂的"高地人生观。"

林语堂还以蚂蚁的微小劝诫过他人。我曾经和从台湾回平和的老兵黄凤仪聊天。黄凤仪是在台湾见过林语堂的平和人。林语堂于1966 年在台湾定居的时候,声名远扬,是世界级的文化名人,当时黄凤仪在台湾任职。黄凤仪第一次和林语堂见面是 1967 年,因为仰慕林语堂,黄凤仪给林语堂写了一封信,以平和老乡的身份求见。半个月后,黄凤仪就接到林语堂亲自打来的电话,约定了见面的时间,黄凤仪第一次到阳明山林语堂家里,两个人聊天 40 分钟。半个月后,林语堂再次打来电话约见,他们聊家乡平和,聊坂仔的水果、圩日、心田宫、花山溪的航道等等。

1968 年 1 月 14 日,林语堂和黄凤仪第三次见面,这次是黄凤仪按照家乡平和的风俗,春节期间请林语堂吃饭。在饭桌上,聊到黄凤仪的脾气,蚂蚁再次出现在林语堂的话语中。林语堂为偶尔会发脾气的黄凤仪支招"你要是焦躁或生气时,你就爬到山顶上往下看。你会看到山下的人是多么渺小,就像一只蚂蚁。自己在山下时,山顶上的人望你,你也是一只蚂蚁。一只蚂蚁,你有什么可'风神'的?你还有什么气可生嘛!"言语中,我们看到林语堂的平和。

想起林语堂的一句话"尘世是唯一的天堂",那么在尘世当中,所有人都仅仅是一只蚂蚁，而林语堂是一只有思想的蚂蚁，或许这就是大师和凡人的区别。很想在林语堂故居，做个雕像，一只巨大的蚂蚁，放置在故居的草坪上，这只蚂蚁有个名字——林语堂。

林语堂的宠物情结

"我厌恶那种假装要做你的朋友的畜生，走近来搔遍你的全身。我喜欢那种知趣的畜生，安分的畜生。"

——《买鸟》

　　林语堂讨厌狗。他曾经直截了当地说"我爱鸟而恶狗。"这是他在《买鸟》这篇文章开头第一句写到的，颇有点劈头盖脸的味道。林语堂对于自己的喜好做了一大通的解释，归根到底就是"我永远不明白为什么一个人要去和畜生做朋友，要怀抱它，爱抚它。"

　　林语堂一生觉得最讨厌的时候是当他在一个美国朋友的客厅里的时候，一只圣伯纳种的大狗要来舔他的手指和手臂，表示亲昵，而更难堪的是女主人喋喋不休地要道出这只狗的家谱来。林语堂忍无可忍觉得自己要失礼了。林语堂还曾经因为狗的问题和英国的朋友吵起来，他讨厌狗的善解人意，林语堂认为这是一种伪装，是一种假惺惺。

林语堂对狗的讨厌，或许就是他内心深处的爱真，爱美。因为"我厌恶那种假装要做你的朋友的畜生，走近来搔遍你的全身。我喜欢那种知趣的畜生，安分的畜生。"或许，还有童年的时候，在乡村里受过狗的惊吓也说不定，毕竟，当时的乡村，养狗是一种普遍现象，而狗吓到孩子也是普遍现象。

林语堂对狗的讨厌，或许还和鲁迅打"落水狗"有关，当时他从赞同费尔泼赖应该缓行到最后赞同鲁迅痛打"落水狗"，狗在他的印象之中非常不佳。主张"应自今日起，使北京的巴儿狗、老黄狗、螺蛳狗、策狗及一切的狗，及一切大人物所养的家禽家畜都能全数歼灭"。尽管林语堂这时候是借狗骂人。林语堂甚至还曾经在《论西装》的文章中，把领带写成狗领，是一年四季妨碍思想，令人自由不得。期间的厌恶之情，一清二楚。

林语堂只有一次突然明白养狗之人对狗喜爱的感情，是他读门太写的《圣美利舍的故事》（"Story of San Michele" by Axel Munthe）的时候。书上说他因为一个法国人踢狗而向那个法国人决斗的那一部分，林语堂感动了。在那一瞬间，林语堂"几乎希望即时有一只猎狗来蜷伏在我的身边。"不过林语堂的这种感觉只是因为受到文字感染的"三分钟热血",当离读读门太的书将近两年后,林语堂对狗的一点风雅豪情也早如槁木死灰了。

林语堂如此讨厌狗,不过他却曾经养过一条狗,这条狗叫朱蓓。林语堂说养这条狗是因为家庭情况的需要,至于是什么需要,林语堂没有明说。不过林语堂养这条狗,应该是在 1934 年之前。林语堂 1934 年春天的时候,曾经到过安徽,1934 年 3 月 2 日,以岂青的笔名在安徽宜城写过《安庆印象》。当他从安徽回到家中的时候,在《家园之春》这篇文章里,写到这条叫朱蓓的狗得了"春热病",也就是因为春天而显得蠢蠢欲动了。在春天里,林语堂到安徽看了玉玲观的绿溪,治好了"春热病",也就是心平气和了。但他的厨子、厨子的妻子、男仆阿金、送信僮,甚至是小鸽子,还有那条叫朱蓓的狗,都得了"春热病",尽管"春热病"并非真正是一种病,而仅仅是思春的骚动。

朱蓓是一条单身的狗,在春天还没到来的时候,它是一条很满足的狗。林语堂好好地叫人喂它,给它洗澡,让它睡在一间好好的狗屋里,还让它在宽大的花园里奔跑。可是春天一到,朱蓓不觉得花园宽大了,甚至快跑也不够了,不管那一切骨头和可口的剩食,林语堂说他知道这条叫朱蓓的狗这时候需要的是"她",不管美丑,因为无法满足,这条叫朱蓓的狗是忧郁的。

当时林语堂养着朱蓓，不是林语堂改变对狗的态度，而是家庭需要。所以林语堂从不放朱蓓出去，朱蓓跑得快，人得拼命赶才赶得上，林语堂不认为这是愉快的事情，那时候，不知道是人牵狗还是狗牵人。林语堂坚持自己出去散步的时候，也得走得成个模样。朱蓓，只好"退避三舍"。在平时，林语堂也禁止它以搔遍他的全身来表示亲昵和忠实的一切举动。由此看来，林语堂养狗，确实是出于需要，而和喜好无关。我想，这条叫朱蓓的狗，不仅仅在春天是忧郁的，就是平时，尽管物质丰富，精神上应该也是落寞的，如果它有精神的话。

这条狗在林语堂家待到什么时候？最迟也就是 1936 年林语堂前往美国的时候，从这条狗之后，再没有看到林语堂有养狗的记载。

林语堂谈茶

"只要有一把茶壶，中国人走到哪儿都是快乐的""茶在第二泡时最妙。第一泡譬如一个十二三岁的幼女，第二泡为年龄恰当的十六岁女郎，而第三泡则已是少妇了。"

——《茶与交友》

林语堂喜欢喝茶，他曾经写出许多有关茶的妙论，诸如"茶需静品"、"只要有一把茶壶，中国人走到哪儿都是快乐的"、"捧着一把茶壶，中国人把人生煎熬到最本质的精髓"以及著名的"三泡论"："茶在第二泡时最妙。第一泡譬如一个十二三岁的幼女，第二泡为年龄恰当的十六女郎，而第三泡则已是少妇了。"等等，一个喜欢喝茶、善于喝茶的林语堂闲适走来。

对于喝茶，林语堂在《茶与交友》和《中国人的饮食文化》两篇文章里比较集中地阐述。林语堂曾经说过"我以为从人类文化和快乐的观点论起来，人类历史中的杰出新发明，其能直接有力的有助于我们的享受空闲、友谊、社交和谈天者，莫过于吸烟、饮酒、饮茶的发明。"这把茶捧到一个至高无上的地位，他不讳言"在饮料方面，吾们天生是很节省的，只有茶是例外。""至于饮茶一道，其本身亦是一种艺术。""饮茶的通行，比之其他人类生活形态为甚，致成为全国人民日常生活的特色自已。"正是这个原因，于是在中国各处茶寮林立，相仿于欧洲的酒吧间以适应一般人民。至于喝茶的地点，不一而足，是在家庭中喝茶，又上茶馆去喝茶。喝茶的方式也不尽相同"或则独个儿，也有同业集会，也有吃讲茶以解决纷争。"至于喝茶的时间，也不确定"末进早餐也喝茶，午夜三更也喝茶。"

林语堂认为，喝茶不仅仅是一种休闲，而且是一种艺术，是一种特色，而且喝茶不致有毒害的后果，除掉少数的例外。在这里，林语堂把笔直接写到了家乡"像作者的家乡，有喝茶喝破了产的，不过喝茶喝破产是因为他们喝那十分昂贵的茶叶。至于普通的茶是很低廉的，而且中国的普通茶就给王公饮饮也不至太蹩脚。"不知道当时林语堂的家乡是什么样的人因为喝茶喝破了产，给林语堂留下深刻的印象，从另外一个角度，这喝茶喝破产的家乡人，让林语堂对茶的概念不仅仅是小时候母亲常招呼过路的行人、樵夫到家里喝茶，有了不一样的记忆。但林语堂对家乡人的概念是普通茶却不普通，他说这些茶给王公喝也不会太蹩脚。

林语堂善于喝茶，他认为"茶叶和泉水的选择已为一种艺术。"，在《茶与交友》这篇文章里，他详细说明喝茶的环境，泡茶的程序等等。"茶炉大都置在窗前，用硬炭生火。主人很郑重地煽着炉火，注视着水壶中的热气。他用一个茶盘，很整齐地装着一个小泥茶壶和四个比咖啡杯小一些的茶杯。再将贮茶叶的锡罐安放在茶盘的旁边，等水已有热气从壶口喷出来，谓为将界'三滚'，壶水已经沸透之时，他主人就提起水壶，将小泥壶里外一浇，赶紧将茶叶加入泥壶，泡出茶来。"这样的茶就可以喝了，这一道茶已将壶水用尽，于是再灌入凉水，放到炉上去煮，以供第二泡之用。"以上所述是我本乡中一种泡茶方法的实际素描。"林语堂对家乡泡闽南工夫茶的过程做了详尽的描述。如果不是非常了解，林语堂无法如此详尽地介绍工夫茶。泡茶，已经潜移默化，浸透到林语堂的生活。

也不仅仅是泡茶的程序，"最好的茶是又醇又和顺，喝了过一二分钟，当其发生化学作用而刺激唾腺，会有一种回味升上来，这样优美的茶，人人喝了都感到愉快。我敢说茶之为物既助消化，又能使人心气平和，所以它实则延长了中国人的寿命。"

　　林语堂不仅仅是讲泡茶的形式，还从家乡茶的意蕴上，在一杯杯喝茶的时候，娓娓道来。看了林语堂喝茶的文章，很想能超越时空，拉林语堂一起泡茶，畅谈生活的艺术。

和土壤相亲的林语堂

让我和草木为友，和土壤相亲，我便已觉得心满意足。我的灵魂很舒服地在泥土里蠕动，觉得很快乐。当一个人优闲陶醉于土地上时，他的心灵似乎那么轻松，好像是在天堂一般。事实上，他那六尺之躯，何尝离开土壤一寸一分呢？

——《生活的艺术》

"要是问我赤足好，革履好，我无疑地说，在热地，赤足好……赤足是天所赋予的，革履是人工的，人工何可与造物媲美？赤足之快活灵便，童年时的快乐自由，大家忘记了吧！步伐轻快，跳动自如，怎样好的轻软皮鞋，都办不到，比不上，至于无声无臭，更不必说。"

这是林语堂极力赞誉的赤足的好处，这样赞誉后面的潜台词是林语堂崇尚自然的心性，也就不难理解童年的林语堂在从坂仔到漳州、到厦门那几天几夜的行船中的不觉劳累，十二三岁的年龄就盛赞航程的曼妙，两岸风光的优美以及大自然各类声响的美妙。

　　林语堂对赤足的赞誉和钟情与他小时候的生活有关。林语堂出生在偏远山村坂仔的一个穷牧师家庭，这样的家庭自然无法养尊处优，而是经常要和土地接触，赤足的机会很多，而且许多时候是无法避免的。诚如林语堂自己所言"因为我是个农家的儿子，我很以此自诩"，既然林语堂是个农家的孩子，那么在"有山，有水，有农家生活"的坂仔，林语堂家里就规定男孩子必须扫地、由井上往缸里挑水、还要浇菜园子。而女孩子就必须洗衣服，林美宫就曾在日头照到墙上一定位置的时候不得不去洗衣服，然后下午时看到日头照到墙上的某个位置时去收衣服。有了这些"农家活"，林语堂的赤足自然也就成为可能，虽然他所写到的农家活还是跟真正的山村孩子的体力劳动有一定的距离，没有生活重担的压迫，自然少了沉重压抑的感觉，更多的是乐趣。

　　林语堂的赤足还和他小时候的调皮好玩有关。他经常到河里捉虾抓小鱼儿，还到西溪河边玩石子、打水漂，这些以前农村孩子经常玩的游戏自然不能穿着鞋子进行，何况林语堂的家当时也仅仅是依靠父亲每个月20元（后来提高到24元）工资的牧师收入，那么林语堂经常赤足就是绝对的很自然了。习惯成为自然，林语堂自然喜爱上赤足。这种习惯慢慢地潜入林语堂的记忆，在以后的日子他不以赤足为粗野，而是以赤足为美，甚至认为只要能够以土壤为亲，就是很快乐的了。那么林语堂的不喜欢西装、不喜欢带领带等等追求身心自由和自然奔放其实就是儿时记忆的延伸，经常在田野中奔跑，拥有整个大自然的人怎么能甘心拘束于小小的一个房间呢？

赖柏英赤足的美加深了林语堂对赤足的赞誉。赖柏英是和林语堂相爱得十分纯粹的青梅竹马的女友。她和林语堂一起捉鲦鱼，捉螯虾，在河边玩游戏。赖柏英还"总是清晨出去，在一夜落雨之后去看看稻田里的水有多么深。"就在赖柏英巡田看水的时候，林语堂总是觉得她赤足，裸露着小腿肚是非常之美。爱屋及乌的心理以及"情人眼里出西施"等等足以让林语堂在后来回忆起赤足之乐的时候增加不少的分量，让快乐和喜爱从内心往外弥漫。

如果说赤足是林语堂的一种和土壤相亲，那么散步同样是林语堂和土壤相亲的另外一种方式。林语堂的散步走过多年，从平和坂仔的乡村小路到美国的第五大街，还有香港的大道，阳明山的山路。无论在哪里行走，林语堂都是一种悠闲和从容的步伐。当年在平和坂仔，林语堂经常到西溪边的乡村小道漫步，看西溪的流水，看对

面的青山，或者"走到禾田中或河岸，远望日落情景，而互讲神鬼
故事"。这样的张望和遐想让林语堂从虚无中看到景物，等同于让他
幼小的心灵到了远方旅行，悄然打开他纯真的心灵之窗。散步，也
许就从那时候开始，直接进驻林语堂的内心，成为以后岁月行走的
起点。

　　林语堂特别爱在乡村中散步。当某一个清明的早晨，在新鲜的
空气中，悄悄地徘徊，或者穿上不透水的雨衣在细雨中缓缓散步，
或者衔着烟斗在林中漫走。这时候的林语堂，散步不是锻炼身体，
而是为了和大自然对话，为了让思想自由行走。他在浑然忘我的境
界中让自由的思想随意飘荡或者停歇，接受大自然的密码一般，融
入了那种有点漂浮、有点迷幻或者沉静的境界。身心在此时便完全
得到一种自由和放松。

　　林语堂把在田间漫步视同到远处旅行。从景物中跃到虚无，又
从虚无中跃到景物，大有"见山是山，见水是水；见山不是山，见
水不是水；见山还是山，见水还是水"的意味，脱离不了那禅的
气息。

　　一种习惯不仅仅是外在的展现，更多的是内心的折射，林语堂
对赤足的赞誉和对散步的喜爱，更多地泄露了他的心灵密码，泄露

了他对童年时代那不容置疑地怀念。这种怀念和他血液融合，催化了他的热爱大自然，他的亲近田野，他的心灵和故乡一脉相承的共同跳动。

人生乐事是饮食

"中国人对于快乐的观念是'温、饱、黑、甜'——指吃完了一顿美餐上床去睡觉的情景。"

——《论肚子》

"饮食是人生中难得的乐事之一。"林语堂对于饮食有许多自己的论述。林语堂把肚子称之为无底洞，只有不断地往这个无底洞填塞东西，人生才有基本的满足。而把往肚子填塞食物提升到一个高度，那就是人生的乐事了。饮食无关庸俗，饮食本身就是社会的风景和存在，"民以食为天"已经昭示了饮食对于人的重要性，能吃能拉能撒也就是人生感觉的乐趣之一，并且事关重大。

林语堂把饮食推崇到一个高度。"中国人对于快乐的观念是'温、饱、黑、甜'——指吃完了一顿美餐上床去睡觉的情景。"这样的情景很容易让人感受到衣食无忧的快乐，这份快乐足以影响和延伸一个时段。在林语堂看来，饮食不仅仅是快乐而已，食物与性情有着密切的关系。"假如食欲满足了，麻烦就少。"有许多的麻烦就是因为食物，古往今来，有多少纷争是因为食物而起，毕竟关乎人们的生存和发展。原始社会中从生吃到用火是人类的一大进步，对食物的追求和猎取不仅仅让人类多了众多的求生途径，更是让人类延续和生存的基本保障。人类就是因为对食物的渴望才从爬行转向直立行走，从野蛮逐步走向文明。

"朋友在餐席上的相见是和平的相见。""他们不但是在杯酒之间去解决纷争，而且也可以用来防止纷争。"饮食的发展逐渐改变了仅仅果腹的功能，人情往来，人际沟通，社交等等诸多场合，饮食扮演的角色日益重要，成为人际关系重要的润滑剂，"在中国，我们常设宴以联欢。"其实不仅仅在中国，到处都可以看到饮食的身影在人际之间的游走滑翔，餐饮不仅仅是提供人们获得生命存在的热量，多少的悲欢离合，多少的交易合作都在饮食之间上演，成为不断变换角色和主题的现实戏剧。

林语堂对饮食的精辟分析不仅仅是置身于外的观看风景，林语堂把饮食融进自己的生命之中，他对于饮食的追求达到了无暇或者不屑顾及斯文的程度。"所以对于饮食就不固执，吃时不妨吃得津津有味。当喝一口好汤时，也不妨啜唇作响。"林语堂面对美食，还原了自己的本真，揭下自己的面具，他率真地体现自己的热爱，可以说林语堂用汤匙把虚假击得粉碎。他甚至把饮食作为评判他人的重要标准之一，"倘要试验一个人是否聪明，只要去看他家的食品是否精美，便知道了。"可以想象，林语堂到了某个人的家里，不是看家具，不是看字画，不是看书房，而是径直走到厨房，掀起锅盖看看锅中的食品。

把饮食视为人生难得乐事之一的林语堂是个美食家。"在我个人，食物哲学大概可以归纳为三事，即新鲜、可口和火候适宜。""食物的口味在酥嫩爽脆上，完全是火候关系。"这样的说法如果说还仅仅是理论的高度，那么林语堂对于具体菜肴的点评则是经验之谈了。"笋烧猪肉是一种极可口的配合。肉借笋之鲜，笋则以肉而肥。火腿似乎最宜于甜吃。""凡是用蛤蚧之类所做的汤，其要点是不可过于油腻。""真正的甲鱼汤应该煮得极浓，乃中国广东菜中的美味。""猪肚是我爱吃的。牛肚有一部分也很好吃。如以肚子下面，或将肚子加在别种汤中一滚即离火起锅，其爽脆不下于生的芹菜。"这些还仅仅是林语堂纵谈饮食中小小的部分，但有了这些妙论，就不会有人怀疑林语堂是在空谈了。恍然之间，我们似乎看到林语堂一手筷子一手汤匙在那指指点点，宛如美食大赛的评委，在指点佳肴美味。

"两脚踏东西文化"的林语堂自然也没有忘记对中西美食来番

比较点评。西方的食物，虽然有林语堂喜欢吃的蜜露瓜，生吃芹菜法，英国式的红烧牛肉等等，但林语堂也坦言欧美的烹调有着显著的缺点，汤的花色稀少更让林语堂意见不少。行走世界各地的林语堂在慰劳了自己的肚子，尝遍了多处的美食之后，依然无法忘怀中国的美食，他把吃中国菜列为人生最为重要的事情之一，"我要一位能做好的清汤，善烧青菜的好厨子。"这样的愿望隐藏了林语堂浓郁的中国情结。想起林语堂在晚年用方言诗回忆和描述家乡的民风民情中写到的"胪腺莼羹好，呒值（不比）水（田）鸡低（甜）""胪腺"用闽南话讲就是"罗 HEI"，也就是小螃蟹，小螃蟹没有什么肉，只好炖汤，但还是缺少滋味，比不上"水鸡"汤甜。一句短短的诗歌，把林语堂对中华饮食爱好的源头拉到了故乡平和坂仔，这源远流长的温馨一直留存林语堂的味蕾和记忆，也就不难理解林语堂喜欢吃猪蹄面线、花生汤、萝卜糕了，就是童年时父亲吃点心为他留下的半碗猪肝面线，也让林语堂时刻体会着许多温馨，成为林语堂内心永远的温暖。

关注生育文化的林语堂

　　一个女子最美丽的时候是在她立在摇篮的面前的时候；最恳切最庄严的时候是在她怀抱婴儿或揽着四五岁小孩行走的时候；最快乐的时候则如我所看见的一幅西洋画像中一般，是在拥抱一个婴儿睡在枕上逗弄的时候。

——《生活的艺术》

　　林语堂声名远扬的程度无需赘言。在他众多的文章之中，林语堂把笔端伸向了家庭、婚姻、生育。林语堂对家庭、婚姻的关注不足为奇，性格平和的林语堂是个极具生活情趣的人，他讲究生命的享受，把家庭作为人生快乐的重要基石。但林语堂对生育文化的关注，倒多少有点意外，顺着林语堂的文字，我们可以清晰地感受到林语堂对生育文化的关注。

　　林语堂反对独身。林语堂崇尚和谐的家庭关系，他反对独身，他认为独身是文明的畸形产物，他为此专门写了一篇文章《独身主义——文明的畸形产物》，在这篇文章里，林语堂用他一贯的有点幽默的语调，加上一些嘲讽、说理、分析，好像面对一个很想辩论的对手，把独身主义一步一步逼退。林语堂认为，人类不能单独无伴地生活在这个世界而得到快乐。林语堂认为家庭是一个小小的单位，一个人必须融进这个单位才能真正感受到生活的快乐，一个人"离了这个人所视为重要的团体生活之外，人们必须有一个相当的异性分子和谐地辅佐他，方能使他有完美的表现，完美的尽职，和将他的个性发展到最高程度"。林语堂不把独身主义视为是个人可以选择的一种自由，而是把独身主义看成带着愚拙的智力主义色彩。他甚至语调不再温和，不是以平和的语气，而是以瞧不起的嘲讽，说崇尚独身主义者是个人主义者，"不婚嫁，无子息，拟从事业和个人成熟之中寻求充足满意生活的替代物，和阻止虐待牲畜，我看来，那是很愚笨可笑的。"独身主义于林语堂来说，是不可容忍的畸形和变态，林语堂赞扬的是正常的家庭生活，没有了家庭，许多快乐就无所依载。

林语堂反对丁克家庭。林语堂不认为夫妻结婚之后不生育是一种潇洒，而是一种病态。他认为一个女人最好的职业就是当母亲。"在我的心目中，女人站在摇篮旁边时是最美丽不过的，女人抱着婴孩时，拉着一个四五岁的孩子时，是最端庄不过的，女人躺在床上，头靠着枕头，和一个吃乳的婴儿玩着时（像我在一幅西洋绘画上所看见的那样）是最幸福不过的。"在林语堂看来，女人最为美丽和最为幸福，都是因为有孩子这个因素，如果不生育，那么一个人的人生生活就是残缺和不完整的，女人也就丧失了自己最为光彩夺目的时刻，甚至可能危及自己的正常生活，"女人只有在做母亲的时候，才达到她的最高的境地，如果一个妻子故意不立刻成为母亲的话，她便是失掉了她大部分的尊严和端庄，而有变成玩物的危险。"林语堂这时候已经不是幽默地侃侃而谈，而是有种推心置腹地敲警钟。林语堂认为，女人的美不仅仅在年轻，女人的成熟之美是结婚怀孕后的情形"著者又见过美丽的姑娘，她们并不结婚，而过了 30 岁，额角上早早浮起了皱纹，她们永不达到女性美丽的第二阶段，即其姿容之容光焕发，有如盛秋森林，格外通达人情，格外成熟，复格外辉煌灿烂，这种情况，在已嫁的幸福妇人怀孕三月之后，尤其是常见的。"

林语堂的家庭生活和睦、温馨和充满快乐，无论是小时候在平和的家庭，或是他自己成家之后的家庭，他都充分享受了家庭的快乐。当林相如年纪很小的时候，时而跑在林语堂和廖翠凤的前面，时而跑在他们的后面，林语堂把这当成人生最为美好的风景之一，也就难怪林语堂把夫妻不结婚、不生育视为病态，认为是愚蠢可笑。

第五辑

缘来

林语堂和萧伯纳的合影

"在不得已伫立江畔二小时的会见，我觉得世界上的水实在很多，到现在想起萧翁就会有水乎水乎之感。"

——《萧伯纳一席谈》

林语堂和萧伯纳都是幽默大师，他们见过面。林语堂和萧伯纳见面是在 1933 年 2 月 17 日，萧伯纳是爱尔兰大作家、戏剧家，1925 年诺贝尔文学奖获得者。当时萧伯纳任世界反帝大同盟名誉主席，为了联络世界反帝力量，他环游世界，来到上海。宋庆龄、蔡元培、林语堂、鲁迅等人接待了萧伯纳。林语堂在黄浦江畔等了两个小时，以至他在《萧伯纳一席谈》中写到"在不得已伫立江畔二小时的会见，我觉得世界上的水实在很多，到现在想起萧翁就会有水乎水乎之感。"不过就是站了两个小时，林语堂也没等到萧伯纳，萧伯纳被宋庆龄接到了上海孙中山故居，林语堂闻讯才赶过去，鲁迅也是接到通知才赶过去的。

在林语堂的眼中，"萧翁正坐在靠炉大椅上，态度极闲适，精神也矍铄。""他一对浅蓝的目光，反映着那高额中所隐藏怪诞神奇的思想。"林语堂和萧伯纳相谈甚欢，他们谈到《萧伯纳传》的两位作者：赫理斯和亨德生。萧伯纳赞同林语堂的说法，但又透露自己花了三个月的时间去改赫理斯编订纠正及增补书中所述的事实。林语堂写到和萧伯纳见面的时候"最特别的，就是他如有所思时，额头一皱，双眉倒竖起来，有一种特别超逸的神气。这就是萧伯纳的讽刺书中常看见的有名的眉梢。"

林语堂和萧伯纳都是幽默大师，他们可谓惺惺相惜，或者说志趣相投。在林语堂的理解之中"常人每以为萧氏的幽默，出于怪诞神奇，却不知这滑稽只是不肯放诞，不肯盲从，而在于揭穿空想，接近人情，撇开俗套，说老实话而已。不过要近人情说老实话就非有极大的勇气不可。"在宴席上，萧伯纳谈到素食、中国家庭制度、英国大学教授的戏剧、中国茶等等，萧伯纳随便扯谈，相当自在、诙谐，但对于林语堂等人来说，却是"真如看天女散花，目不暇接。"

餐后，大家来到花园合影。在合影之前，林语堂看到"那时清凉的阳光射在萧翁的白发苍髯上，萧氏人又高伟，有一种庄严的美丽"。萧伯纳在上海孙中山故居一共留下三张照片，当时为萧伯纳拍照的是摄影家毛松友。毛松友，名仿梅，浙江江山人，1927 年入党，是早期的革命活动积极分子之一。1928 年 9 月以优秀成绩考上了中国公学大学部经济系，喜欢摄影，课余拍摄了几张吴淞口海滨风光的照片，得到中国公学大学董事长蔡元培的赏识。1932 年上海爆发了"一·二八"事变，师生撤到市中，中国公学大学部被凶恶的日寇炮火击毁。毛松友和同学蓝文海冒险进入吴淞战区，拍摄了被轰炸后校园颓垣残壁的照片，机智应对日本兵的盘查，把照相机给了野蛮刁难的巡逻兵，带着事先藏好的相机底板脱身，得到蔡元培的高度赞扬，亲笔写了条幅，送给他："飞观霞光启，重门平旦开。北阙高箱过，东方连骑来。"1932 年毕业的时候，校长马君武亲笔书"学然后知不足"的字幅作毕业赠物，以示鼓励，蔡元培亲自发涵推荐他担任《上海晨报》任摄影兼文字记者。1933 年 2 月 17 日中午，毛松友接到蔡元培先生派人送来的条子，要他带上照相机速到孙中山夫人宋庆龄公寓里。

据毛松友的儿子毛爱华回忆，当时他的父亲毛松友在 80 年代末，90 年代初的耄耋之年，为他详细谈起了这次照相的经过。在毛松友的叙述中，当天清晨五时许，宋庆龄偕同两人，冒着毛毛细雨乘着小火轮前往吴淞口迎接。10 时 30 分，萧伯纳登岸，在宋庆龄的陪同下，乘车去中央研究院拜访蔡元培。然后和蔡元培一起前往莫利哀路 29 号孙中山故居。宋庆龄好友，美国记者史沫特莱和常为宋庆龄翻译文稿的美国友人伊罗生也应邀一同前往。民权同盟宣传干事林语堂教授闻讯也赶到孙中山故居。鲁迅知道萧伯纳要来上海，但不知道宋庆龄要设午宴招待。他是接到蔡元培送去的信笺，才应邀赶去的。

下午 1 时 30 分，萧伯纳和蔡元培、鲁迅并排走出来。萧伯纳和蔡元培一边走，一边交谈。当萧伯纳看到照相机已经对准他们时，侧过头来看了看鲁迅。这是第一张合影。第二张照片是毛松友征得萧伯纳的同意，为他拍了一张单身照。第三张照片就是七人照了。在拍完萧伯纳的单人照后，林语堂、史沫特莱、伊罗生、宋庆龄相继走出来。毛松友对各人的位子作了适当的安排，让萧伯纳侧坐在椅子上，史沫特莱坐在萧伯纳的右侧，蔡元培和鲁迅并排站立在萧伯纳的前面，林语堂、伊罗生依次站在后面。萧伯纳左侧留着空位，宋庆龄像有"先见之明"，来到萧伯纳的左侧，不再往前走了，"我就站在这里吧。"随着毛松友按下快门，"咔嚓"又一声响，一张主客相衬，气氛和谐的历史性的照片诞生了。宋庆龄非常喜欢这张照片，要毛松友给她放大一张，夹在玻璃相框里，挂在卧室的墙上。

鲁迅在这次照相的过程中，感受到自己身材矮小的遗憾，产生了如果时光倒流，他要加强锻炼的想法。在 1933 年 2 月 23 日，鲁迅在一篇题为《看萧和"看萧的人们"记》一文中写道:"午餐一完,照了三张相,并排一站,我就觉得自己的矮小了,虽然心里想,假如再年轻三十年,我得做伸长身体的体操……"

林语堂和李清照

"凡要专心著作的人,应先解决饭碗问题。文学是有闲者之产品。女诗人李清照,也是嫁了丈夫,解决饭碗问题,才能做出好词来,使李清照靠卖稿为生,我想她的《漱玉词》是换不到三碗绿豆汤的,所以赵明诚在中国文学史上的大功,就是能养活一位女诗人。"

——《婚嫁与女子职业》

和林语堂念念不忘陈锦端,认为陈芸是中国文学上最可爱的人,最崇拜李香君,最讨厌《红楼梦》里的妙玉等等在同一序列里,林语堂认为李清照是"最懂得读书之乐者"。

李清照早林语堂出生八百多年。1084 年出生的李清照,活到 1155 年,那个时代叫宋朝,刚好是南北宋的交叉。李清照出生于书香门第,早期生活优裕,父亲李格非藏书丰富,李清照从小就在良好的家庭环境中打下文学基础。

李清照是中国古代罕见的才女，她擅长书、画，通晓金石，而尤精诗词。她的词作独步一时，流传千古，被誉为"词家一大宗"，是婉约派代表人物之一，被称为"宋代最伟大的一位女词人，也是中国文学史上最伟大的一位女词人"，有"千古第一才女"之美誉。她的词前期多写其悠闲生活，多描写爱情生活、自然景物，韵调优美。后期多慨叹身世，怀乡忆旧，情调悲伤。在词坛中独树一帜，形成了自己独特的艺术风格——易安体。

林语堂对李清照的欣赏，是她懂得读书之乐。李清照嫁给丈夫赵明诚之后，志趣相投，共同致力于金石书画的搜集整理，共同从事学术研究，生活美满。当时的赵明诚，在太学作学生，每月领到生活费的时候，他们夫妻总立刻跑到相国寺去买碑文水果，回来夫妻相对展玩咀嚼，一面剥水果，一面赏碑帖，或者一面品佳茗，一面校勘各种不同的板本。李清照在《金石录后序》自叙他们夫妇的读书生活，有一段极逼真极活跃的写照。她说："余性偶强记，每饭罢，坐归来堂烹茶，指准积书史，言某事在某书某卷第几页第几行，以中否角胜负，为饮茶先后。中即举杯大笑，至茶倾覆怀中，反不得饮而起，甘心老是乡矣！故虽处忧思困穷而志不屈。收书既成……于是几案罗列枕藉，意会心谋，目往神授，乐在声色狗马之上……"李清照的读书，让许多喜欢读书的人羡慕不已，他们的读书生活是如何的清雅，如何得了读书的真味。兴味到时，拿起书本就读，这就是李清照的读书法，这才叫作真正的读书，这才不失读书之本意。

林语堂因而在演讲中对学生说道：你们能用李清照读书的方法来读书，能感到李清照读书的快乐，你们大概也就可以读书成名，可以感觉读书一事，比巴黎跳舞场的"声色"、逸园的赛"狗"，江湾的赛"马"有趣。不然，还是看逸园赛狗，江湾赛马比读书开心。

不过，李清照之所以能够如此读书，或者说能感受到读书的乐趣，衣食无忧和志趣相投非常关键。林语堂在《婚嫁与女子职业》这篇他在中西女塾的演讲稿中写道："凡要专心著作的人，应先解决饭碗问题。文学是有闲者之产品。女诗人李清照，也是嫁了丈夫，解决饭碗问题，才能做出好词来，使李清照靠卖稿为生，我想她的《漱玉词》是换不到三碗绿豆汤的，所以赵明诚在中国文学史上的大功，就是能养活一位女诗人。"这是大实话，也是幽默大师林语堂的真幽默。

当李清照和赵明诚因为南渡而陷入生活困顿的时候，读书之乐肯定消减。而当赵明诚因病去世，李清照改嫁张汝舟，这时候的李清照可谓遇人不淑。张汝舟是盯上李清照身边的文物，两个志趣不合的人最后分道扬镳，李清照为了和张汝舟离婚，不得不举报张汝舟在科考中作弊犯了欺君之罪，最后张汝舟被发配流放，李清照也入狱了。当时的法律规定，妻子要离婚，不论什么理由都要入狱两年，最后李清照因为名气太大，只入狱 9 天就出狱了，但心灵的创伤无法抹平。

　　林语堂关注的是李清照的前半生，或者说是她深得读书之乐的时候。我不知道林语堂在说李清照的时候，偶尔会不会在心里叹息一声。廖翠凤是林语堂的生活伴侣，他们把婚姻经营成典范，但不可否认，廖翠凤更多的活在俗常的生活之中。廖翠凤催正在创作的林语堂去睡觉，当林语堂告诉自己在写作的时候，廖翠凤问的是可以得到多少的稿费。当林语堂带着廖翠凤一起到雅典卫城参观，深蓝清幽的爱琴海边，林语堂对人类的巧夺天工和大自然的奇妙赞叹不已，而廖翠凤捶捶酸疼的小腿，不屑一顾地说："我才不住这里，买一块肥皂还要下山，多不方便。"林语堂哑然失笑。尽管林语堂也认为这是真实而不虚伪，这是女人的可爱。但林语堂也只能哑然失笑。因此当林语堂的名气越来越大的时候，廖翠凤担心自己的学问，在一个晚上问林语堂会不会嫌她不够好，林语堂安慰廖翠凤说自己不要什么才女为妻，要的是贤妻良母，而廖翠凤就是贤妻良母。

　　我相信这是林语堂的选择，廖翠凤把林语堂和三个孩子照顾得非常好。但我觉得这并不妨碍林语堂偶尔的思想走神，在他的内心深处，他或许也曾想到如李清照和赵明诚一样的心神相通，当年他在和陈锦端热恋的时候，林语堂说"我要写作"，而陈锦端说"我要作画"，两个人说得激情飞扬，而又是怎样的志趣相投。或许，这也是林语堂在以后的岁月里，在内心深处永远有一个陈锦端位置的原因。

当然，这仅仅是一个猜测而已，但林语堂对于李清照的钦佩和赞赏，却是一览无余。李清照虽然早活八百多年，但并不影响林语堂对她的欣赏，有些东西可以穿越时空。

林语堂的养女

人生譬如一出滑稽剧。有时还是做一个旁观者，静观而微笑，胜如自身参与一分子。

——《吾国与吾民》

林语堂有三个宝贝女儿，这为众人所知，但林语堂除了三个亲生女儿之外，还有个养女，养女名叫金玉华。

金玉华是林语堂1943年回国的时候，在西安一所孤儿院认识的。当时林语堂在西安孤儿院观赏孤儿的歌舞表演，金玉华就这样走进林语堂的视线。当天，林语堂注意到这个12岁的女孩子，她的舞姿吸引了林语堂的目光，让走南闯北的林语堂觉得她在台上舞蹈的姿态很优美。如果仅仅是这样，金玉华收获了林语堂的赞美之后，回到自己的生活。但有些时候，事情就很凑巧，金玉华第二天又在台上表演弹钢琴。金玉华这回走进林语堂的生活，林语堂觉得金玉华可爱极了。

林语堂决定收养金玉华为女儿，把他领出孤儿院。林语堂见了金玉华的母亲和哥哥，和他们交谈了，表明自己想收养金玉华并且把她带出国。金玉华的母亲和哥哥同意了，不同意的是孤儿院。孤儿院同意林语堂认金玉华为女儿，但金玉华不能离开孤儿院，面对孤儿院的规矩，即使林语堂声名显赫，也得遵守。于是，林语堂认金玉华为女儿，为她提供教育费。

林语堂认金玉华为女儿，是因为她的可爱。其实，这是林语堂的"孩子气"的一种外露，是林语堂的"童心"使然，是林语堂的质朴，是他喜欢天真和简单。当时林语堂的三个女儿都已经逐渐成长，林语堂认为她们已经不再是小时候的天真、烂漫，而他渴望家里一定要有一个小孩子，他喜欢从童真、童趣中收获快乐。林语堂的理由就这么简单而且纯粹，大师的想法往往出乎人的意料。

林语堂并没有满足于认金玉华为女儿了事，他要的是这个女儿要在自己的家里，要在自己的生活之中，而不是挂个名分然后在遥远的距离之后。因此在抗战胜利之后，林语堂费了九牛二虎之力，终于让金玉华到了美国。这时候的金玉华眉清目秀，弹得一手好钢琴。事情到此，似乎有了美好的结局，但世上之事并没有如此简单，另外的枝节出来了。

金玉华的哥哥开始反对金玉华被收养，认为这是很丢金家的脸。金玉华哥哥的想法不可理喻，不知道他是如何觉得金玉华被林语堂收养是丢脸，而让妹妹待在孤儿院则不是丢脸。中国人喜欢面子的问题也是让林语堂耿耿于怀而且屡屡论及的事情。

金玉华哥哥的反对还有同盟，那就是林语堂的太太廖翠凤。廖翠凤因为林语堂事先没有和自己商量就认了金玉华为女儿，属于"自作主张"。廖翠凤认为家里已经有三个女儿了，何必再来一个女儿？而且这个女儿不是自己生的，于是廖翠凤坚决投了"反对票"。

金玉华哥哥的反对，太太廖翠凤的反对，林语堂属于内外交困了，这时候发现金玉华还有个大问题，那就是金玉华是个病人，患有心脏风湿病，无法治疗，恐怕活不成。几个因素交集，共同发挥作用，林语堂败阵了，只好让金玉华回国，回到自己的家庭。

金玉华在林语堂的生命之中出现了两三年，给林语堂带来快乐，也带来伤痛。后来，金玉华长大结婚，在她四十岁的时候去世了，这段日子对于金玉华来说肯定不那么简单，但对于其他人来说，也许就是如此简单，简单到两句话就可以解决。按照推算，金玉华去世的时间是 1971 年，那也是林语堂的大女儿林如斯自杀去世的年份，这对于林语堂来说，确实是双重打击了。当年林如斯的去世，对于林语堂来说，是毁了生活的打击，林语堂在 1976 年去世，相信和林如斯自杀的打击有关。没有找到林语堂当时是否知道金玉华去世或者得知金玉华去世之后有什么反应的记载，正如金玉华回国之后，林语堂是否和她保持联系。不过，凭借林太乙知道金玉华回国之后结婚和去世的消息，他们之间应该还有联系。

相信如果林语堂知道金玉华去世，伤心是免不了的。毕竟，当年金玉华被迫回国，在林语堂的女儿林太乙的记载之中，对林语堂是个大打击。谁说男人无泪？当时的林语堂尽管伤心，可是却没有办法对人说，即使有泪也只能往肚里流。这才是一种痛，这种痛直达内心深处。因此，林太乙说"在他心灵深处，藏着几个伤痕"。林语堂是否后悔自己收养了金玉华？是否后悔自己没有自己旁观，而是自身参与，林语堂没有明说。但对于林语堂来说，金玉华，是伤痕一个。

廖翠凤的晚节

> 我们是谁呢？这是第一个问题。这个问题几乎是无法解答的。可是我们都承认在我们日常生活中那么忙碌的自我，并不完全是真正的自我。我们相信我们在生活的追求中已经失掉了一些东西。
>
> ——《生活的艺术》

作为林语堂的太太，廖翠凤是林语堂一生的生活良伴。廖翠凤和林语堂共同维护了一生的婚姻，让他们的婚姻成为典范。

廖翠凤并不是一开始就走进林语堂的生活，某种意义上，廖翠凤是作为"替补"的身份出现。当年林语堂和陈锦端爱得轰轰烈烈，不过陈锦端的父亲陈天恩有意拆散了这对恋人。陈天恩没有简单粗暴地棒打鸳鸯，而是把隔壁的廖翠凤介绍给林语堂。当廖翠凤的母亲说林语堂是个穷牧师的孩子时，处在人生选择十字路口的廖翠凤只说了一句话"没有钱不要紧"。这句话不仅仅成就了林语堂和廖翠凤的婚姻，而且让廖翠凤赢得美名。虽然不能说就是视金钱如粪土，但廖翠凤以一个豁达、淡泊金钱的形象走进林语堂的生命。在以后相当长的岁月之中，廖翠凤有本钱可以骄傲，是她嫁给了林语堂，是她那句"没有钱不要紧"奠定了他们的婚姻。

淡泊金钱的廖翠凤在林语堂留学或者在国外写作的某些日子，克服了许多没有钱的窘境，也曾经辞退了用人，自己买菜做饭做家务。这时候的廖翠凤，这句"没有钱不要紧"就不仅仅是说说而已，或者简单是一种态度，而是承担起相应的责任。

不过，廖翠凤没有坚持到底，这个当年豪气冲天说出"没有钱不要紧"的人，在林语堂因为发明"明快打字机"而陷入困境的时候，她慌张了。在林语堂辞去联合国教科文组织美术与文学组主任的职务，从巴黎搬到法国那部坎城卢芹斋的别墅"养心阁"小住，恢复写作生涯的时候，廖翠凤变得有点唠叨，常常重复说"我们没有钱了，我们欠人家钱。我们从这里搬走之前，一定要把椅套洗干净还人家。"面对廖翠凤的唠叨，林语堂抓住廖翠凤的手，安慰他说"凤，我们从头来过。你别担心，我这支邋遢讲的笔还可以赚两个钱。"

除了金钱上的转变，还有就是情感上，廖翠凤也有一个拐弯。廖翠凤很清楚林语堂当年喜欢陈锦端，她常常骄傲地说，最后嫁给林语堂的，不是陈锦端，而是讲了"没有钱不要紧"的廖翠凤。在上海的时候，有时候陈锦端会到林语堂家里走访，廖翠凤还不时拿这事和女儿一起开涮林语堂，让林语堂脸红，而她则是哈哈大笑。她还故意带女儿出去，腾出一段时间让林语堂和陈锦端单独相处。可以说，廖翠凤是大度和自信的，她相信陈锦端对于林语堂来说，只是过去。

不过，廖翠凤在这点上也没有把握到最后，当林语堂临去世前几个月，当陈锦端的嫂子告诉林语堂，陈锦端就在厦门的时候，林语堂挣扎着要从轮椅上站起来，大声地说"你告诉她，我要去看她。"这时候，宽容豁达的廖翠凤突然不高兴了"堂啊，你疯了。"在廖翠凤的心里，林语堂都病得如此了，还想去看陈锦端，触动了内心深处的那根弦，就像林语堂在内心深处最柔软的地方，留有陈锦端的一个位置一般。

不过，廖翠凤"晚节"的这两点，让廖翠凤更是一个真实的人，而不是挂在半空中供人瞻仰的完美印象，也不是一副不食人间烟火的模样，饱满而富有生活味。或许，因为如此，廖翠凤作为林语堂的夫人的形象出现，让更多的林语堂迷不仅仅有了会心一笑，更有了看见邻家嫂子的亲切感和温暖，有种靠近聊天的想法，而不是远远望一眼就绕道而走。正是如此，廖翠凤是个成功的人，她的成功不仅仅抓住了林语堂的心，成就了一段美满婚姻，还成功地抓住了读者的目光，让自己不仅仅是依附林语堂的光环，而是让自己也成为一个焦点。

文化史上两丰碑

“吾始终敬鲁迅；鲁迅顾我，我喜其相知，鲁迅弃我，我亦无悔。大凡以所见相左相同，而为离合之迹，绝无私人意气存焉。”

——《鲁迅之死》

　　林语堂和鲁迅都是文豪，他们在一个时代各自放射着耀眼的光芒，以自己的方式行走在那段岁月。他们曾经相得，也曾经相离。1936 年鲁迅逝世时，林语堂在美国纽约写了悼念文章《鲁迅之死》，其中就涉及到他们的相得与相离，“吾始终敬鲁迅；鲁迅顾我，我喜其相知，鲁迅弃我，我亦无悔。大凡以所见相左相同，而为离合之迹，绝无私人意气存焉。”言语中，林语堂对鲁迅的敬意依然在纸上的字里行间闪现。

　　林语堂留学回国到北京大学任教的时候，是他和鲁迅相识的开始。当时北大的教授已经形成两派，一派是鲁迅和周作人兄弟为首，另一派则以胡适为代表。尽管当年胡适对林语堂关照颇多，在林语堂留学海外经济窘困的时候，及时伸出援手，用自己的 2000 元以学校的名义资助林语堂，却从未向任何人提起，直到林语堂回国后才知道事情的具体真相。这是很深的个人情谊，并没有影响到林语堂的选择，林语堂站到鲁迅一边和鲁迅成为盟友。1925 年 12 月 5 日和 6 日这两天，参加了语丝社又领导着莽原社的鲁迅两次主动地给林语堂写信约稿，然后是林语堂复信和交稿，这就是两人"相得"的开始。后来，林语堂和鲁迅并肩战斗，写了许多文章，大谈政治，还走上街头，拿竹竿和砖石，与学生一起，直接和军警搏斗，把他投掷垒球的技术也都用上了。这一次搏斗，给林语堂的眉头留下一个伤疤。这段经历让林语堂在年老的时候还时常得意地和女儿提起，成为过往岁月闪耀的亮点。

1926 年，林语堂和鲁迅都上了当时军阀政府的黑名单，林语堂到了厦门大学，然后他邀请鲁迅到厦大任教，这段四个月的相处，让他们的友谊加深了。在厦门大学，林语堂极力照顾鲁迅，鲁迅在给许广平的信中，也屡屡提及林语堂的这种感人的努力，包括林语堂夫人廖翠凤对鲁迅生活的照顾。当鲁迅在厦门大学不如意萌生去意的时候，鲁迅担心的也是对林语堂的影响，他们不仅是惺惺相惜，而且还风雨同程、患难与共。

　　当鲁迅离开厦门去广州然后到上海的时候，林语堂也离开厦门去了武汉最后也到了上海，这两个曾经有过密切友谊的人又相聚在了一起，但这次难得的相聚恰恰是他们之间裂痕的开始。在上海，林语堂和鲁迅都以文字为生，不过各自却走着不同的道路。鲁迅直面惨淡的人生，把文学当作"匕首"和"投枪"，刺向敌人。林语堂则是借助幽默，表现性灵和闲适，曲折地表示自己的不满，认为："愈是空泛的，笼统的社会讽刺及人生讽刺，其情调自然愈深远，而愈近于幽默本色。"这是不同方式的选择，不完全是背道而驰，但分道扬镳似乎是注定的事情。在角度不同的道路上行走，愈走愈远或者是无奈或者是现实。仔细观察鲁迅和林语堂等几个人在厦门后山上的那张合影，都是在爬山，林语堂是西装革履手拿文明棍，而鲁迅则是长袍布鞋。也许这仅仅是生活细节，但细节有时候折射的是一种走向，林语堂和鲁迅的差异可见一斑。他们为文的风格和人生道路的不同从这样的细节也可以看出端倪。毕竟，林语堂是出生在乡村牧师的家庭，他从平和坂仔这偏僻乡村走向厦门、走向上海、走向外国留学，然后回国到北京，到厦门，到上海，生活也有不顺心甚至有危险，但生活环境总体是不断变好的。在他的内心，欢乐多于忧愁，他坚持的是"人生要快乐"。而鲁迅出生在没落的贵族家庭，秉持的是"一生都不宽恕"。

　　文学立场的不同，让林语堂和鲁迅之间的友谊也磕磕碰碰。他们围绕"痛打落水狗"等发生了论争，尤其是林语堂坚持自己的文艺观点，声称"欲据牛角尖负隅以终身"，而鲁迅却认为在生死斗争之中，是没有幽默可言的，"只要我活着，就要拿起笔，去回敬他们的手枪。"鲁迅认为对林语堂"以我的微力，是拉他不来的"，开始对林语堂进行批判，先后写了《骂杀和捧杀》、《读书忌》、《病后杂谈》《论俗人应避雅人》《隐士》等，而林语堂则写了《作文与作人》、《我不敢再游杭》、《今文八弊》等文章来回敬，字里行间的锋芒颇有江湖的刀光剑影。

不过，"南云楼风波"是他们之间的正面冲突，是他们从文字走到现实的争执。在鲁迅的日记里，对此曾有记叙"二十八日……晚霁。小峰来，并送来纸版，由达夫、矛尘作证，计算收回费用五百四十八元五角。同赴南云楼晚餐。席上又有杨骚、语堂及夫人、衣萍、曙天，席将终，林语堂语含讥刺。直斥之，彼亦争持，鄙相悉现。"而四十年后林语堂在《忆鲁迅》也回忆起此事："有一回，我几乎跟他闹翻了。事情是小之又小。是鲁迅神经过敏所至。那时有一位青年作家，……他是大不满于北新书店的老板李小峰，说他对作者欠账不还等等。他自己要好好地做。我也说了附和的话，不想鲁迅疑心我在说他。……他是多心，我是无猜。两人对视像一对雄鸡一样，对了足足两分钟。幸亏郁达夫作和事佬。几位在座女人都觉得'无趣'。这样一场小风波，也就安然流过了。"不论他们的公说公有理，婆说婆有理，如此的风波是过去了，但林语堂和鲁迅之间的裂痕却无法消除。尽管他们后来有次和解，但这样的和解并没有坚持多久，决裂依然是紧随而来。鲁迅还曾写信劝林语堂别搞小品了，多翻译些英文名著。林语堂回信说"等老了再说"。鲁迅后来给曹聚仁写信，提到此事，认为林语堂是在暗讽他已经老了。这也许是话不投机半句多，也许正常人不以为意的一句平常话，在心有芥蒂之人的心目中却能滋生许多遐想。从1934年起，左翼作家增强了对林语堂的批评，主要是攻击林语堂文学上的趣味主义和自由主义，斥责幽默刊物为"麻醉文学"。从此，两人再无来往，林语堂的名字，也从鲁迅日记里完全消失了。这两个曾经是盟友的人，走向了不同的方向，这样的方向不仅仅是各走各的阳关道，而且颇有对阵江湖的架势。

1936年，林语堂到美国从事写作，就在这一年，鲁迅逝世。阴阳相隔，但是他们论争的影响并没有就此消失。林语堂在美国写的悼念鲁迅的文章中盛赞鲁迅的伟大："鲁迅投鞭击长流，而长流之波复兴，其影响所及，翕然有当于人心，鲁迅见而喜，斯亦足矣。宇宙之大，沧海之宽，起伏之机甚微，影响所及，何可较量，复何必较量？鲁迅来，忽然而言，既毕其所言而去，斯亦足矣。鲁迅常谓文人写作，固不在藏诸名山，此语甚当。处今日之世，说今日之言，目所见，耳所闻，心所思，情所动，纵笔书之而馨其胸中，是以使鲁迅复生于后世，目所见后世之人，耳所闻后世之事，亦必不为今日之言。鲁迅既生于今世，既说今世之言，所言有为而发，斯足矣。后世之人好其言，听之；不好其言，亦听之。或今人所好之言在此，后人所好在彼，鲁迅不能知，吾亦不能知。后世或好其言而实厚诬鲁迅，或不好其言而实深为所动，继鲁迅而来，激成大波，是文海之波涛起伏，其机甚微，非鲁迅所能知，亦非吾所能知。但波使涛之前仆后起，循环起伏，不归沉寂，便是生命，便是长生，复奚较此波长波短耶？"

当鲁迅在国内享尽哀荣，被奉为"民族魂"的时候，林语堂行走国外，向东方人介绍西方文化，向西方人介绍东方文化。1976 年，林语堂在香港逝世，两个文豪之间的恩怨最后落下了帷幕。不过，两个人在国内的境遇却是大相径庭，鲁迅的高度需仰视才见，著作的身影在大小书店闪现。林语堂悄无声息，直到 20 世纪 80 年代开始，才依稀有他著作的身影，将近 21 世纪，林语堂热悄然升温。在林语堂和鲁迅曾经工作过的厦门大学，鲁迅纪念馆颇有阵势，而仅有一间的林语堂纪念室藏在角落，也许从这个格局可以看出林语堂和鲁迅在国内不同的待遇。只是，两个文豪在那个年代的生活和成就是无法用房子的大小来衡量的，无意也没有必要在他们之间分个高低，只要记住，在那个时代，曾经有那么两个文豪，和其他作家一起，相互辉映，就已足够。

　　林语堂和鲁迅，都将不朽。他们是文化史上的两座丰碑。

林语堂的祖母

要是女人统治世界，结果也不会比男人弄得更糟。所以如果女人说"也应当让我们女人去试一试"的时候，我们为什么不出之以诚，承认自己的失败，让给她们统治世界呢？

——《女人应当统治世界吗》

在林语堂的思想里，女人是强大的，这种强大，或许最初来自他的祖母。

林语堂的祖母，生命和天宝五里沙紧密相连，尽管，这个地方对于林语堂来说，更多的是他父亲林至诚的故乡。

五里沙进入林语堂的脑海，来自于父亲林至诚的口传相授，而且这样的传递信息带着苦涩的味道。林至诚的父亲是个普通的农民，但就是这样的一个农民，在 1864 年太平天国侍王李世贤攻进漳州的时候被拉去当挑夫，后来下落不明。当时林至诚只有 9 岁，因为躲在床下，逃过了一劫。

　　林语堂的祖母，也就是林至诚的母亲，据说学过拳术，臂力过人，曾经用一根竹竿，打退过十几个土匪。这件事在当地传为美谈，也让林至诚有了些许的骄傲。至少林语堂在说到祖母的时候，是颇有一点自豪的。但无论如何臂力过人，林语堂的祖母毕竟只是一个普通的农妇，她最后的选择就是带着九岁的儿子林至诚和两岁的小儿子，逃到鼓浪屿，还不得不把两岁的儿子送给了一位姓吕的医生。这位被送给他人的孩子，也就是林语堂的叔叔，后来成为举人，是林语堂的另一个荣耀。只是当林语堂去鼓浪屿读书的时候，这位林叔叔已经去世，在去世之前，他把一个儿子送去英国，后来成为工程师。倒是林语堂的叔叔送给的吕医生一家，和林语堂家来往密切，林语堂三兄弟在鼓浪屿读书的时候，都是吕家女人的教子。林语堂的教母是"曼娘"，也就是后来《京华烟云》中的"曼娘"原型，她的未婚夫死了，如《京华烟云》中的"平亚"之死。"曼娘"宁愿做个"望门寡"，再不嫁人。"曼娘"对林语堂很好，这是五里沙通过另一种途径让林语堂感受到关爱和温暖。

　　林语堂的祖母在把小儿子送人之后，带着父亲林至诚回到五里沙。那应该是在太平军撤离漳州之后。在太平军撤离之前，好不容易逃出战火弥漫之地的人是不会轻易再回到是非之地的。那时候，林语堂的祖父已经不知所踪，尽管后来林语堂在法国乐魁索城给在法国的华工编教材教他们识字的时候，曾努力寻找，幻想能够找到失踪的祖父。但我猜测，林语堂的祖父也许并没有走远。1864 年 10 月 14 日，李世贤攻进漳州城，当年 12 月 1 日，在万松关战役又围攻击毙了另外一个平和人，祖籍平和五寨乡埔坪村的福建陆路提督林文察，台湾雾峰林氏家族的代表人物之一，林文察带领的清军也全部被歼。数次的战斗，让李世贤声名大振。但好运没有太久，在左宗棠带兵围攻下，尤其左宗棠拥有洋枪洋炮的军队，李世贤的优势很快消失。1865 年 4 月 1 日，李世贤惨败，死伤十几万人。5 月 15 日，在从漳州撤往平和，以图再撤到广东梅州的时候，被清军追杀，太平军损失了三万多人。太平军的成功与失败，林语堂或许可以不用关心，但也许，林语堂的祖父或者死在漳州，或者死在平和，或者死在后来李世贤全军覆没的永定。如果是在平和，那么林语堂在法国乐魁索城的寻找就不仅仅是徒劳，还有着悲情的幽默，他走出去的脚步，期待目光可以放远，但他关注的东西恰恰在他的脚下。

林语堂的祖父就此消失了，他留给五里沙的，是悲伤的记忆。

林语堂的祖母后来改嫁了，嫁给了一个卢姓的人。后来如何，林语堂没有多少提及，只是说有他们家祖母再嫁之人的一张照片，可见林至诚对这个继父有种回避，林语堂自然无从知晓太多。对于母亲的再嫁，从"祖母仍然算我们林家人"，可见某种接受但又多少排斥的尴尬，就是还是林家人，但肯定是"渐行渐远渐无书"，这样的逐渐淡出生活其实是林至诚的无奈，林语堂的祖母就是臂力再超人，也无法撑起生活的重担。林语堂没有见过他的祖母，他的祖母只是活在林至诚的叙述之中。林至诚是在 24 岁的时候进入神学院学习的，他放下自己效益不错的小贩生意，成为他们家的"第二代基督教徒"。他之前，只能使他的祖母。林至诚在 25 岁的时候，从天宝五里沙出发，前来平和坂仔，当"启蒙伴读兼传福音"，也就是既当教会的老师也传教。如果说，一个家族的历史是一篇文章，到了林至诚到坂仔传教的时候，已经是另外一个段落。而林语堂的出生，意味着从林语堂开始，是另起一行，是重起一段，风格不同。

林语堂和老舍

"我特别怀念老舍，我知道他是个正人君子。我在抗战时和他在重庆见面，后来又在纽约聚首，我记得他在谈政治时的兴奋。"

——《五四以来的中国文学》

林语堂和老舍都是倾心于尘世生活的人，也都是幽默大家。林语堂倡导幽默，被誉为"幽默大师"，老舍则是被称之为首创幽默讽刺长篇文体的作家。他们在生命之中的交集其他不论，在重庆北碚，老舍住过林语堂的房子，1946年，老舍到了美国纽约，和林语堂"颇有来往"。

1938年7月中旬，在九江沦陷，武汉无险可守的情况下，老舍随"中华全国文艺界抗敌协会"迁往重庆。据老舍先生自述："8月14日，我们到了重庆。"暂时住在公园路青年会里。青年会是"文协"在重庆的第一个会址，老舍与何容住在二楼窗口向阳的一间，中间一个九屉桌，两张单人床分放两旁，坐在桌旁可就桌工作。至 1940 年 8 月房屋被炸毁才离开，现仅存当年楼上的"青年会"三个大字残迹。

1943 年 11 月 17 日，夫人胡絜青携子女来到北碚与刚割治完盲肠的老舍团聚，一家定居在蔡锷路 24 号（现为天生新村 63 号副 16 号）。与老向一家、萧伯青、萧亦五同住"文协"北碚分会的一座小楼。老舍在北碚期间，先后出版了短篇集《火车集》、《贫血集》，长篇小说《火葬》，完成了长篇巨著《四世同堂》的前两部《偷生》和《惶惑》。同时，还撰写了大量杂文、散文、诗歌，特别是他在"多鼠斋"中创作的《多鼠斋杂记》，更是成为他幽默散文的经典。舒乙在为"老舍旧居"展览的《前言》中说，在北碚的文学创作，是老舍"创作生涯的一个里程碑"。

老舍先生在重庆北碚的故居（现天生新村 63 号）于 2010 年更名为"四世同堂纪念馆"，面向社会开放。这个地方是林语堂 1940 年回国购买的。1940 年春，林语堂与美国一家出版公司签订合同，写作一部描绘中国战时风光的作品，从而于 5 月初离美回国，途经香港来到重庆，决定定居北碚。5 月 24 日，林语堂乘坐的飞机抵达珊瑚坝机场，抵达重庆，得到蒋介石接见之后，于 5 月 25 日乘车抵达北碚。

　　林语堂来北碚，第一个前来接待他的是老向，王向辰当年曾在林语堂创办的杂志上发表过作品，他的文章亦很幽默，老向微笑的时候眼睛眯成一条线，大笑的声音热烈而爽朗，态度恭恭敬敬。林语堂同王向辰一见如故，当即王向辰带领他们全家，游览北碚市街，随后便请到一家酒馆进晚餐，以示为其接风，同时作陪的还有许心武、萧柏青和老向的夫人王太太。

　　但没有想到，林语堂抵达北碚的第三天就遭遇日本的飞机轰炸北碚。从此也过上了战时生活，几乎每天都要跑警报，都要进防空洞。他们在北碚住下不过20多天，就在防空洞里躲了15天。不到一个月，就遇上了两次轰炸。林语堂感到很恼火，警报多，天气炎热，手中的书写不了，想找一个比较安静的地方住下，继续完成书稿。王向辰知道了他的心思，便给他联系到缙云山石华寺，这里既可以避暑，也能防空袭，他自己的夫人因身怀有孕，也陪同前往消夏。林语堂移居石华寺，比起北碚天气凉爽，空袭仍有，但比起北碚亦有所缓和，林语堂一家也挖了自己的防空洞。但林语堂的女儿住不了了，不是因为石华寺的偏远，而是因为她们的责任感。林如斯和林太乙都在日记中讲到自己不能有躲在这里的特权，而是应该走到民众之中，招呼他们躲轰炸，讲到自己的责任感。7月31日，林语堂一家遭遇到他们回国两个月零五天之后的第三次轰炸，就是在这次轰炸中，林语堂的家也被炸毁了一个角落。房子修好的时候，林语堂再次出国，出国前，他把这处房子捐给了"中华全国文艺界抗敌协会"。

　　林语堂把房子捐给"中华全国文艺界抗敌协会"的时候，给抗敌协会写了一封信。原信如下：

　　敬启者，鄙人此次回国，不料又因公匆匆出国，未得与诸君细谈衷曲为憾。惟贵会自抗战以来，破除畛域，团结抗战，尽我文艺界责任，至为钦佩。鄙人虽未得追随诸君之后，共抒国难，而文字宣传不分中外，殊途同归。兹愿以北碚蔡锷路24号本宅捐出，在抗战期间作为贵会会址，并请王向辰先生夫妇长期居住，代为看管。除王先生夫妇应住二间及需要家具外，余尽公开为会中器物，由理事会点查处置，聊表愚忱，尚希哂纳，并祝努力。弟与诸君相见之日，即驱敌入海之时也。

　　此致

中华全国文艺界抗敌协会

林语堂敬上

八月十七日

当时抗敌文协重庆会址被炸，正拟在北碚找房子，老舍召开一次委员会，宣读此信，大家认为这是林语堂的爱国之举，当场决议接受，此后，林语堂这处房子即为文协会北碚办公室，驻会负责人老舍，因此长住于此，处理会务。可以说是老舍拍板接受了林语堂的捐赠，而且老舍在此居住了六年，这个地方后来成为了老舍旧居。这是一栋一楼一底砖木结构的小楼。2000年9月7日被列入重庆市的文物保护单位，成为一处旅游景点。今天的"老舍旧居"，可谓是环境优雅的独栋花园别墅。但当年，却被老舍先生取名为"多鼠斋"，因当时屋内老鼠很多，成群结队，不仅啃烂家具，偷吃食品，还经常拖走书稿、扑克等物。然而，就是在这样艰苦的环境里，老舍先生一面积极投身抗战文化工作，一面夜以继日地从事文学创作。

这幢小房子，因为老舍在此居住期间，创作了传世的《四世同堂》等各种作品数百篇，近两百万字。它也代表了陪都时期重庆北碚的人文高地，以及那个时候的中国人风骨与中国文化精髓。因为这幢房子，林语堂和老舍紧密相连在一起。

"我在北碚度过了7年难忘的时光。"中国现代文学馆馆长、老舍之子舒乙先生接受记者采访的时候曾经说过，而他在北碚的难忘时光，就是居住在林语堂捐赠的房子里。"我们住的房子，是文学家林语堂1940年购置的。8月林氏赴美，将房赠与中华全国文艺界抗敌协会北碚分会。"舒乙回忆道——"那时家周围种满了竹子、芭蕉，画眉鸟的叫声好听得要命，到现在还常出现在梦中。"在北碚"老舍旧居"的小院里，有采访的记者听到舒乙先生梦中的鸟叫，看到了竹子与芭蕉，还看到了高大的梧桐与茂密的三角梅，看到了迎春、蔷薇、山茶、紫薇、枇杷、雪松、南天竺和重庆独有的黄桷树……淡紫色的鸢尾与粉红色的杜鹃正值花期。从北碚"老舍旧居"的竹子、芭蕉、梧桐、枇杷等等，想到台北林语堂故居庭院中的竹子，想到平和林语堂故居周边的龙眼、荔枝、柿子树、梧桐和曼妙西溪航道上打在五篷船上的飘飘竹叶，思绪可以牵扯得很长很长。

　　林语堂离开重庆之后，他们还在美国见面过。林语堂的《吾国与吾民》《生活的艺术》《京华烟云》等著作曾经高踞美国"每月读书会"的榜首，而老舍的《骆驼祥子》翻译成英文之后销路非常好，也为"每月读书会"特别推荐。老舍于 1946 年到达纽约，据林太乙回忆：曹禺、徐訏、冯友兰、黎东方、黄嘉德都来了。徐訏和嘉德在哥大研究院深造，是我们家的常客。老舍、曹禺，也与父亲颇有来往。1946 年，老舍和黎东方在我们家吃了圣诞节中饭之后，两人一起走了。史学家黎东方回忆道，他们边走边聊，老舍对去留问题举棋不定，黎东方劝他慎重选择。面对朋友的劝告，老舍说"我得回去，一家老小都在北平。"

　　过了两三个星期，他真的回去了。等黎东方把消息告诉林语堂，林语堂半天没有说话。据林语堂的女儿林太乙在《林语堂传》里面写到"父亲对老舍的作品是钦佩的，他认为'老舍是极少数能写道地京话的一位作家，他的文笔有北方的鲜明特色，活泼有劲'"林语堂对老舍念念不忘，1961 年，林语堂在美国国会图书馆以《五四以来的中国文学》作了演讲，在演讲中，林语堂讲到"我特别怀念老舍，我知道他是个正人君子。我在抗战时和他在重庆见面，后来又在纽约聚首，我记得他在谈政治时的兴奋。"

　　林语堂和老舍，在重庆见面，在纽约聚首的两个追求幽默的作家，他们曾经握手，然后分开。这时候，我想起了林语堂的一句名言"人生真是一场梦，人类活像一个旅客，乘在船上，沿着永恒的时间之河驶去。在某一地方上船，在另一个地方上岸，好让其他河边等候上船的旅客。"林语堂和老舍，就是曾经相遇的旅客。

后记

　　这本书是我的第十一本书。写作多年，书一本一本地出，是写作道路上的一次一次回望。当年在秀峰小学闷头书写或者夜读，也被时光从当年的苦难打磨成云淡风轻。看着自己的书，有种走过来路的感概也属正常。

　　这本书也是我有关林语堂的第四本书。从 2004 年开始接触林语堂，到文章一篇篇发表，书也出了四本，终于明了"缘分"这个词语，有多少事情终生无缘，有多少擦肩而过，又有多少彼此融入，或许都可以归结为"冥冥之中自有定数"。曾经说过"林语堂是一本书，可以时常阅读"，至今依然如此认为。林语堂对于我，是个写作的方向，也是写作的富矿，每一次的停留，每一次的关注，都是一道风景，都是可以书写的理由和空间。这本书仅仅是一个拐弯或者一个回望，林语堂的风景，依然在我的前方蔓延舒展，我会继续前行，这本书也就仅仅是个逗号，而不是句号。曾有人问我，计划写几部有关林语堂的书，我笑笑，许多东西，不必计划，顺乎内心地写下去，就可以了。林语堂曾经说过：顺乎本性，就是天堂。那么，写作到了愉悦的程度，那就是享受，其中的艰辛也是快乐的音符。

这本书的出版，其实也是一种缘分。记得是去年的八月份，因为陈子铭兄的热情，在众望书城陈福源兄那里，和中国华侨出版社福建分社的林伟萍、李朝晖两位先生认识，聊起书籍的出版和写作的题材。这本书的写作方向就此定了下来。林伟萍和李朝晖两位还跑到平和，再次谈及有关林语堂书籍的创作，这本书就在闲聊中定下合作的框架。其后，我开始了创作活动。春节后，根据约定，把书稿给了李朝晖兄，开始了出版的流程。如今，这本书即将出版，书名也从最初的《语堂语堂》改成如今的《超然之美：林语堂的心灵境界》，无论是用什么书名，我认为都是林语堂的一个侧影，如何解读，就交给读者了。我是个赶路的人，我的任务就是前行。点头或者挥手，仅仅是一种方式。

感谢为这本书的出版给予关心和支持的朋友，感谢所有为之付出努力的人，感谢这本书的每一位读者。

黄荣才

2017 年 5 月 3 日